衍射时差法（TOFD）超声检测

主　编　魏同锋

副主编　万荣春

主　审　高海良

哈尔滨工程大学出版社

Harbin Engineering University Press

内容提要

本书主要介绍了衍射时差法(TOFD)超声检测的相关知识,共分为 6 章,包括 TOFD 技术的基础知识、TOFD 技术的信号处理、TOFD 检测系统硬件基本知识、TOFD 技术的盲区和测量误差、TOFD 技术的工艺参数选择及缺陷信号特征和数据评定。每章后面附有若干习题。为方便教学,本书配套电子课件和综合训练答案。

本书可作为高职高专、中职、各类成人教育材料检测类专业教材或培训用书,亦可供从事无损检测技术工作的工程技术人员参考。

图书在版编目(CIP)数据

衍射时差法(TOFD)超声检测 / 魏同锋主编. —哈尔滨：哈尔滨工程大学出版社,2021.6(2025.2 重印)
　ISBN　978 - 7 - 5661 - 3121 - 8

Ⅰ.①衍…　Ⅱ.①魏…　Ⅲ.①衍射方法 - 应用 - 超声检验 - 职业教育 - 教材　Ⅳ.①TG115.28

中国版本图书馆 CIP 数据核字(2021)第 107795 号

衍射时差法(TOFD)超声检测
YANSHE SHICHAFA (TOFD) CHAOSHENG JIANCE

选题策划　包国印
责任编辑　卢尚坤　刘海霞
封面设计　李海波

出版发行　哈尔滨工程大学出版社
社　　址　哈尔滨市南岗区南通大街 145 号
邮政编码　150001
发行电话　0451 - 82519328
传　　真　0451 - 82519699
经　　销　新华书店
印　　刷　哈尔滨午阳印刷有限公司
开　　本　787 mm × 1 092 mm　1/16
印　　张　10.5
字　　数　262 千字
版　　次　2021 年 6 月第 1 版
印　　次　2025 年 2 月第 4 次印刷
定　　价　35.00 元
http://www.hrbeupress.com
E-mail:heupress@ hrbeu.edu.cn

前　言

本书紧密结合职业教育的办学特点和教学目标,强调实践性、应用性和创新性,内容安排上主要考虑以下几点:

(1)以工作过程为主线,确定课程结构

本书通过对无损检测工作过程的全面了解和分析,按照无损检测工作过程的实际需要设计、组织和实施课程,突出了工作过程在课程中的主线地位,尽早地让学生进行工作实践,为学生提供了体验完整工作过程的学习机会,逐步实现从学习者到工作者的角色转换。

(2)以能力体系为基础,确定课程内容

以能力体系为基础取代以知识体系为基础确定本书的内容,围绕掌握能力来组织相应的知识、技能,设计相应的实践活动。学生针对给定的工作任务中零件的结构特点及技术要求,选用 TOFD(衍射时差法)检测器材,优化检测参数,建立参数优化方案,具备操作TOFD 检测设备、制订 TOFD 检测工艺、出具 TOFD 检测报告等工作技能,具备进行工件质量评级、生产质量管理的能力,从初学者成长为有能力的无损检测技能人才。

(3)教学内容以取得职业资格证书为最基本条件,并与实际工作保持一致

按照"学历证书与职业资格证书嵌入式"的设计要求确定本书的知识、技能等内容。以TOFD 超声检测二级人员的考核知识点为参考,依据职业能力形成的规律,避免冗杂的文字描述和烦琐的公式推导,力求做到言简意赅,图文并茂。

本书的编写过程中,除了参考了国内外的相关专著、教材、手册和文献外,还参考了其他行业的培训教材,并将编者在多年无损检测工作中积累的经验和在教学中的一些体会编入其中,使理论与实践有机地结合为一体。

本书由魏同锋任主编,万荣春任副主编,具体编写分工如下:第 1 章、第 2 章、第 5 章、第6 章由魏同锋编写,第 3 章、第 4 章由万荣春编写,全书由渤海造船厂集团有限公司的高海良任主审。

限于编者水平,书中难免存在缺漏和不足之处,敬请广大读者批评指正。

编　者
2020 年 5 月

目　　录

第1章　TOFD技术的基础知识

学习目标

1. 通过学习 TOFD 技术的基本配置,能比较 TOFD 技术单探头和双探头配置的特点。

2. 通过学习 TOFD 技术采用的超声波波型、A 扫描信号和相位关系,能区别各种 A 扫描信号并识别它们的相位关系。

3. 通过学习深度计算和 PCS 设定,记忆 PCS 设定的法则和解决深度校准问题的方法。

4. 通过学习 TOFD 扫查类型,结合 TOFD 技术的图像显示,掌握不同扫查类型的特点和使用要求。

1.1　TOFD 技术的发展历史及现状

衍射时差法(time of flight diffraction,TOFD)技术是一种基于衍射信号实施检测的技术,即衍射时差法超声检测技术。

20 世纪 70 年代,由于工业发展的需求不断增多,Mauric Silk 博士(英国国家无损检测中心)率先提出了 TOFD 技术。在 TOFD 系统的发展过程中,计算机和数字技术的应用起到了决定性作用。早期的常规超声检测使用的都是模拟探伤仪,用横波斜探头或纵波直探头做手动扫查,大多数情况采用单探头检测,仪器显示的是 A 扫描波形,扫查的结果不能被记录,也无法作为永久的参考数据保存。20 世纪 90 年代,模拟仪器开始慢慢演变为由计算机控制的数字仪器,随后数字仪器逐渐完善和复杂化,可以配置探头阵列、机械扫查装置,而且能够记录和保存所有的扫查数据用于归档和分析。

对 TOFD 技术来说,仅记录在闸门范围内的信号时间和峰值是远远不够的。TOFD 检测需要记录每个检测位置完整的未校正的 A 扫描信号,可见 TOFD 检测的数据采集系统是一个更先进的复杂的数字化系统,在接收放大系统、数字化采样、信号处理、信息存储等方面都达到了较高的水平。

早期的 TOFD 检测系统体积较大,携带使用不够方便,功能和性能指标也有不足。经过十几年的改进,目前已有多种功能强大、性能优良,配备各种机械扫查装置,以及各种数据分析软件的便携式多通道 TOFD 检测仪器系统问世。TOFD 技术和设备的发展已经成熟,并已在工程中广泛应用。

1.2 衍射基本原理

1.2.1 衍射现象

衍射是波在传输过程中与传播介质的交界面发生作用而产生的一种有别于反射的物理现象。当超声波与有一定长度的裂纹缺陷发生作用，在裂纹两尖端将会发生衍射现象。衍射波信号要远远弱于反射波信号，而且向四周传播没有明显的方向性，如图1.1所示。

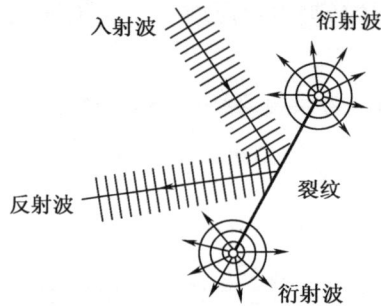

图 1.1　裂纹端点产生衍射波示意图

任何波都可以产生衍射现象，如光波和水波。

衍射现象可以用惠更斯原理解释，即介质中波动传播到的各点都可以看作是新的发射子波的波源，在其后任意时刻这些子波的包络面就构成了新的波阵面，图1.2为惠更斯原理示意图。由图1.2看出，裂纹尖端的子波源发出了方向不同于反射波的超声波，即为衍射波。缺陷端点越尖锐，则衍射现象越明显；反之，端点越圆滑，衍射越不明显。当端点圆半径大于波长$(d>\lambda)$时，主要体现的是反射特性。

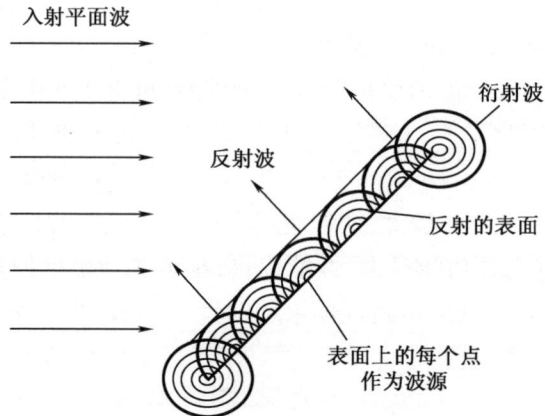

图 1.2　惠更斯原理示意图

1.2.2　衍射波波幅变化

图 1.3 是测定衍射波波幅在不同折射角度下变化的曲线。将 TOFD 探头放在垂直于试件表面的裂纹的两侧等距位置,分别用来发送和接收信号,设计的探头声束有足够大的扩散角度,能够同时产生和接收上尖端信号和下尖端信号。测试结果表明,当折射角为 65° 时,上下尖端的衍射信号波幅均为最大。其中下尖端信号在 38° 时,波幅下降很大,而在 20° 时,又出现上升,可见下尖端信号波幅曲线出现两个波峰。而在 45° 到 80° 之间,上下尖端衍射信号波幅均呈规律性变化,而且下尖端衍射信号要略高于上尖端衍射信号,但是变化幅度不超过 6 dB。因此,TOFD 技术探头通常呈 45°~70°,避开了 38° 这一不利角度。

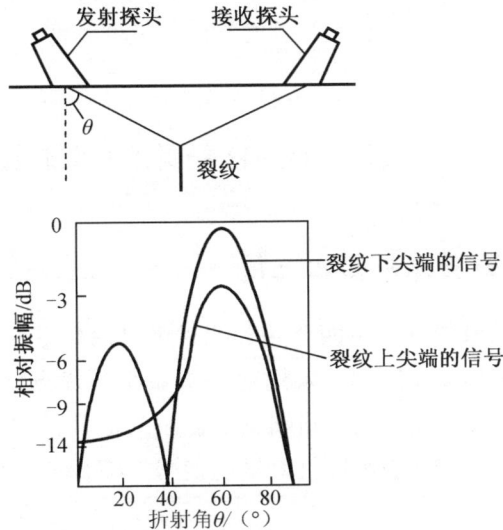

图 1.3　衍射波波幅随角度变化的曲线

1.2.3　TOFD 检测的声场分布

在 TOFD 检测中,不同区域的信号强度是不一样的。图 1.4 所示为两个频率为 3.5 MHz,晶片直径为 15 mm,折射角为 60°,相距 100 mm 的探头的衍射信号强度分布,以垂直于探头连线的长裂纹模型计算得出的衍射信号强度。图中虚线确定了在钢件中一个由声束角 45° 到 80° 覆盖的四边形区域,假定这个区域的声束信号波幅能够满足检测要求。在不同位置有不同的信号强度分布:在 60° 的声束聚焦中心区域有最高的信号波幅,在 45°~74° 可以得到适中的信号波幅,虚线内其余区域虽然可以得到信号,但波幅减小到 −24 dB,特别是在靠近表面的区域减小得更多。声束覆盖范围主要受探头声束宽度的限制,可以通过使用小直径的探头,或是使用更大折射角探头(例如使用 70° 折射角探头)来增大声束覆盖的有效区域。

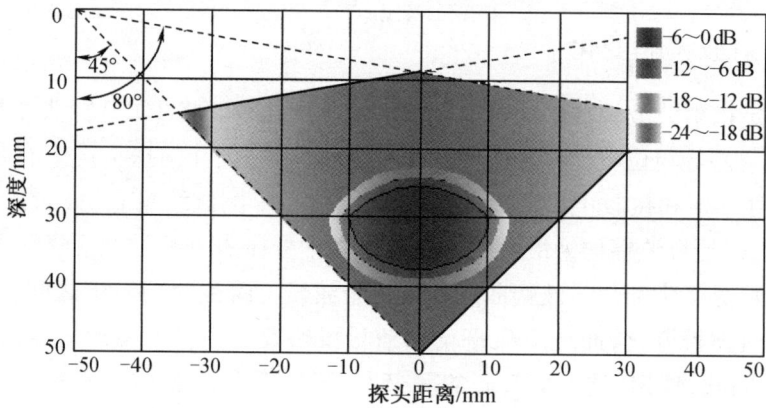

图 1.4　衍射信号强度分布

注:虚线表示 45°~80°区域。

1.3　TOFD 技术的基本知识

1.3.1　TOFD 技术的基本配置

TOFD 技术所采取的方案是两个探头配对组成探测系统,如图 1.5 所示,一个探头起发射作用,另一个探头起接收作用。采用双探头系统的优点:可以避免镜面反射信号对衍射波信号的干扰,能很好地接收到缺陷端点衍射波的信号;能测定反射体的准确位置和深度;还容易实现大范围的扫查,快速接收大量的信号。双探头系统是 TOFD 技术的基本配置和特征。

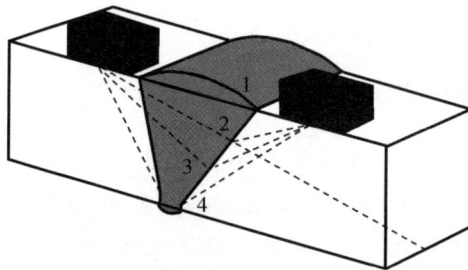

1—直通波;2—上端点衍射波;3—下端点衍射波;4—底面反射波。

图 1.5　两个探头配对系统组成 TOFD 检测系统

采用一个探头也能发射超声波和接收衍射波,这种方案在常规技术中得到应用,实践证明是可以进行缺陷检测的。TOFD 技术不采用这种方法,对单探头系统来说,由于反射波幅度很高(通常情况下,反射信号比衍射信号波幅高 6~24 dB),探头接收到的端点衍射信号可能被其掩盖,如图 1.6 所示,衍射信号是否能看到具有不确定性。单探头对端点衍射信号接收不利,难以实现大范围检测,也难以快速测定反射体的准确位置和深度。

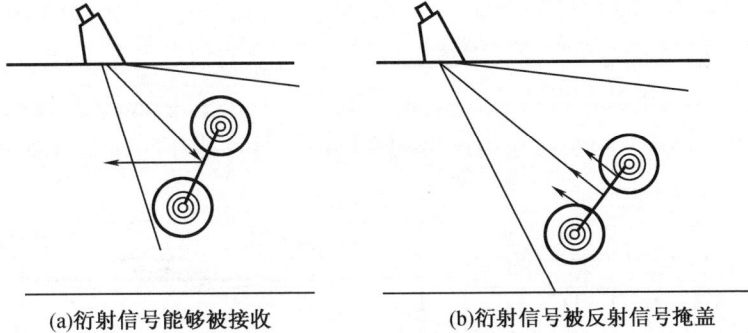

(a)衍射信号能够被接收　　　　　　　(b)衍射信号被反射信号掩盖

图 1.6　单探头接收衍射信号的情况

1.3.2　TOFD 技术采用的超声波波型

对于常用的脉冲反射法检测来说,大多数情况下使用的超声脉冲都是横波。通过设计使探头只发射横波而没有纵波,这就避免了工件中存在两种波而导致回波信号难以识别的问题。在 TOFD 检测中不使用横波而选择使用纵波,其主要目的也是避免回波信号难以识别。

在各种波中,纵波的传播速度最快,接近横波的两倍,所以纵波能够在最短的时间内到达接收探头。而且使用纵波并利用纵波的波速来计算缺陷的深度所得到的结果也是唯一的。如果使用横波检测,并根据横波波速来计算缺陷的位置则结果可能是不唯一的。任意一种波都可以通过折射或衍射转换成为其他类型的波。如果一束横波通过端点衍射后产生纵波,那么纵波信号将先于横波到达接收探头,这时采用横波的波速计算就会得到错误的缺陷位置。

设想探头发射的纵波进入工件,其中一部分转换为折射纵波 C,另一部分转换成折射横波 S。工件中传播的纵波 C 遇到缺陷 A 和 B,可能产生缺陷 A 的 CC_A 和 CS_A,以及缺陷 B 的 CC_B 和 CS_B;同样,工件中传播的横波 S 遇到缺陷 A 和 B,可能产生缺陷 A 的 SC_A 和 SS_A,以及缺陷 B 的 SC_B 和 SS_B。工件中传播的信号就包括了 CC_A、CS_A、CC_B、CS_B、SC_A、SC_B、SS_A、SS_B,这些信号都可能被探头接收到,按信号的传播速度,信号在时间轴上的排列次序如图 1.7(a)所示。

由于 TOFD 检测是以波的传输时间来确定缺陷深度的,因此信号传输时间与缺陷深度必须有唯一性。在金属材料中,纵波最先到达接收探头。依据纵波信号(CC_A、CC_B)识别缺陷和以纵波波速计算其深度,就不会与横波信号(CS_A、CS_B、SC_A、SS_A、SC_B、SS_B)或变形波信号混淆,也不会计算出错误的缺陷深度。

按图 1.7(b)所示模型,可大致估算纵波与横波信号的传输时间差。设缺陷 A、B 分别在工件上、下表面,且在两探头之间的中线上,主声束与底面法线夹角为 45°,近似认为横波声速为纵波一半,则:假如经缺陷 A 的纵波信号 CC_A 的传输时间近似于直通波的传输时间 $2t$,那么经过缺陷 B 的纵波信号 CC_B 的传输时间近似于底面反射波的传输时间,为 $2.8t$;经过缺陷 A 的变形波 CS_A 或 SC_A 的信号传输时间为 $3t$；经过缺陷 B 的变形波信号（CS_B 或 SC_B）传输时间为 $4.2t$；而横波信号 SS_A、SS_B 分别为 $4t$ 和 $5.6t$。可见，位于两探头中间的缺陷，其产生的横波信号始终在底面反射波之后，不会对纵波信号产生干扰；在声束经过的大部分区域，即使产生变形波信号也将在底面反射波之后，不会对纵波信号产生干扰，只有在靠近其中一个探头附近的很小区域内产生的变形波信号可能在底面反射波之前出现。

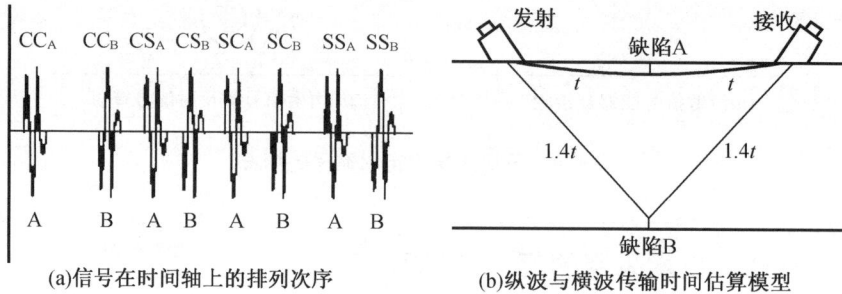

(a)信号在时间轴上的排列次序　　　　(b)纵波与横波传输时间估算模型

图 1.7　纵波与横波信号传输时间

在 TOFD 检测时，工件中存在多种波：首先是探头发射的纵波和横波；其次在波的传播过程中，遇到缺陷或底面，或其他不同声阻抗的界面，会发生波型转换。因此，到达接收探头的信号包括：所有纵波、所有横波、波型转换后的一部分纵波和一部分横波。在一般的金属材料中，纵波最先到达接收探头，根据最先到达接收探头的纵波信号来识别缺陷和以纵波波速计算其位置，就不会与后面到达的横波信号混淆，也不会产生差错。TOFD 检测应用纵波实施检测并按纵波声速计算衍射点深度，是最简单方便的方法。

1.3.3　TOFD 声场中 A 扫描信号

图 1.8 所示为应用 TOFD 技术时的波型种类和传播路径的示意图。

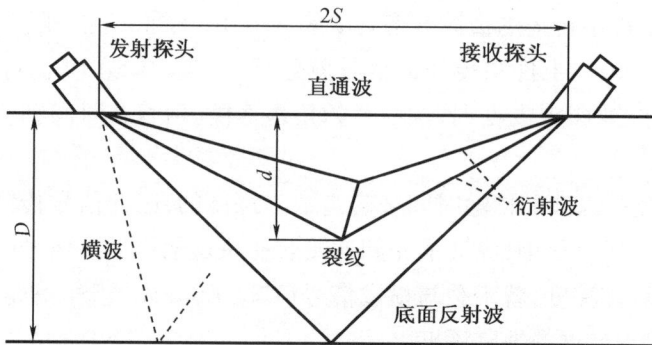

图 1.8　应用 TOFD 技术时的波型种类和传播路径

图 1.9 所示为应用 TOFD 技术时的 A 扫描信号的示意图。

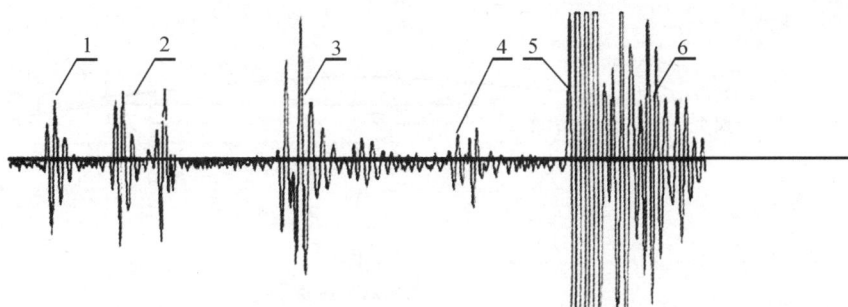

1—直通波信号;2—纵波的缺陷衍射信号;3—纵波的底面反射信号;4—波型转换波的缺陷衍射信号;
5—波型转换波的底面反射信号;6—波型转换波的底面反射信号以后的信号。

图 1.9　应用 TOFD 技术时的 A 扫描信号

TOFD 扫查时的 A 扫描信号通常包括:

1. 直通波信号

在 TOFD 数据采集时,首先看到的是直通波,如图 1.10 所示。直通波是在平直工件的表面以下,沿发射和接收探头间的最短路径传播的纵波。如金属表面弯曲,则直通波就不沿表面传播,而是在两探头之间直线传播。如果材料表面有涂层,则绝大部分声束都在涂层下面的材料中进行传播,如图 1.11、图 1.12 所示。直通波不是沿金属材料表面传播的表面波,而是声束边缘的体积波,直通波的频率比声束中心的频率低(对于较宽的声束扩散,声束边缘的低频成分较大)。当探头中心距较大时,直通波可能非常微弱,甚至不能识别。由于 TOFD 扫查所发射和接收的信号在近表面区有较大的压缩,因此这些区域的一些有用信号可能隐藏在直通波下。

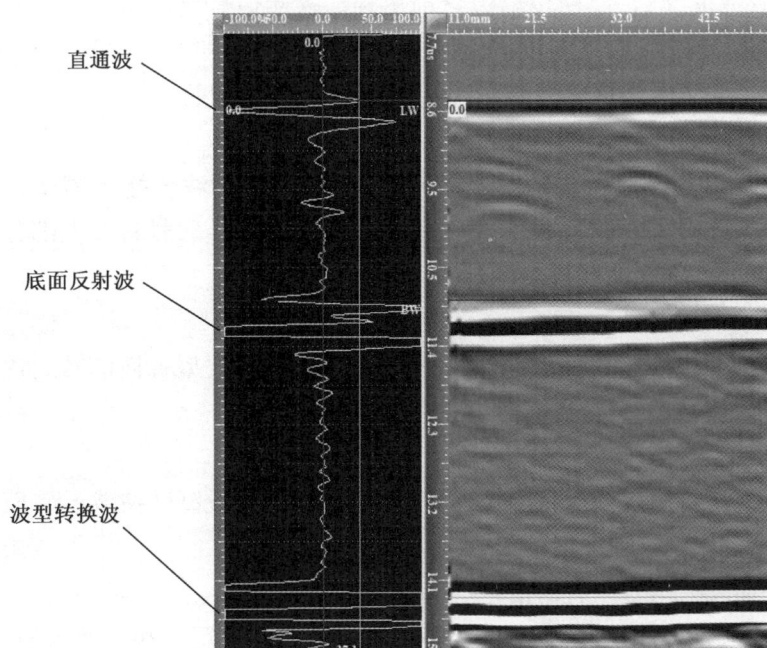

图 1.10　TOFD 技术的直通波、底面反射波和波型转换波的底面反射信号

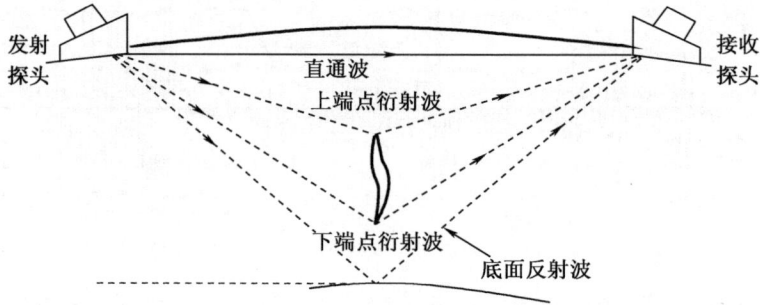

图 1.11　凸面工件直通波的传播路径

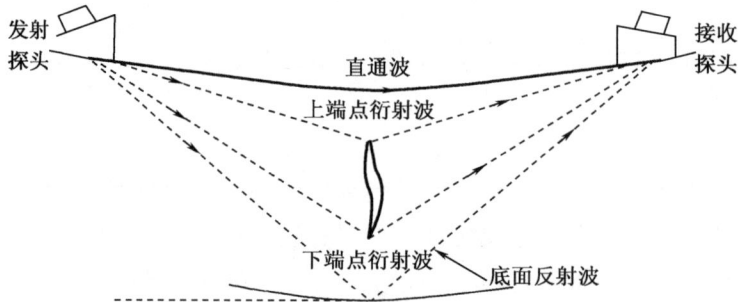

图 1.12　凹面工件直通波的传播路径

2. 纵波的缺陷衍射信号

如果在金属材料中存在一个裂纹缺陷,则超声波在缺陷顶部尖端和底部尖端将产生衍射信号,这两个信号在直通波之后、底面反射波之前出现。这些信号比底面反射信号要弱得多,但比直通波信号强。如果缺陷高度较小,则上尖端信号和下尖端信号可能互相重叠。为了提高分辨上尖端信号和下尖端信号的能力,可采取减少信号周期的方法。

3. 纵波的底面反射信号

从发射探头经底面反射到接收探头的超声波,纵波的底面反射波传播距离比直通波长,在直通波之后出现,如图 1.12 所示。如果探头的声束只发射到金属材料的上部分或者工件没有合适底部进行反射,则底面反射波可能不存在。

4. 波型转换波的缺陷衍射信号

在底面纵波和底面反射波信号之间会产生各种波型转换信号,波型转换信号到达接收探头时间比底面纵波反射信号长,但比底面反射波型转换信号短。

5. 波型转换波的底面反射信号

在纵波底面反射波之后将出现一个相当大的信号,这种信号是波型转换波的底面反射信号,它有时会被误认为是底面纵波反射信号,如图 1.12 所示。

6. 波型转换波的底面反射信号以后的信号

波型转换波的底面反射信号以后还会出现许多纵波和横波多次反射和转换的信号,对这些信号一般不再进行观察和分析。

1.3.4　相位关系

图 1.13 所示为使用 TOFD 技术检测无缺陷工件的情况,图 1.13(b)为 A 扫描产生的直通波和底面反射波的信号波形。当声束从高阻抗介质中入射到一个低阻抗介质(例如,从钢中入射到钢/水界面或钢/空气界面)时,在界面反射的信号相位改变 180°。图 1.13 中,声束在碰到界面之前是以正向周期开始传播的,在经过界面反射后变成以负向周期开始传播。

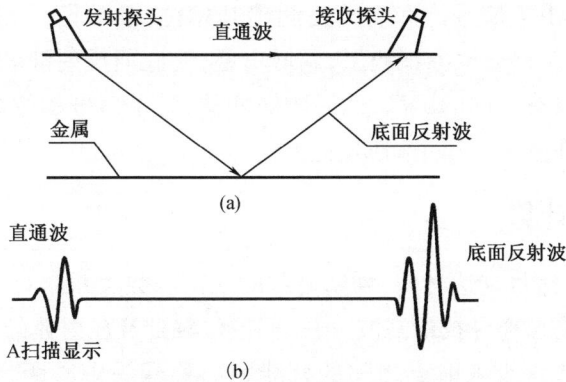

图 1.13　从高阻抗介质入射到低阻抗介质的信号相位发生改变

图 1.14 所示为使用 TOFD 技术检测有缺陷工件的情况,图 1.14(b)为 A 扫描信号产生的直通波、缺陷上尖端信号、缺陷下尖端信号和底面反射波的波形图。如果上尖端信号相位从负周期开始,与底面反射信号相同,那么下尖端信号就是从正向周期开始,其相位与直通波信号相同。上尖端信号就像底面反射信号一样,相位变化了 180°。缺陷下尖端信号相位不发生改变,解释为声束只是在缺陷底部环绕,没有发生界面反射。研究表明,如果两个衍射信号的相位相反,可以判断在信号之间一定存在一个连续的缺陷。因此,相位对分析信号和测定缺陷准确尺寸是非常重要的。

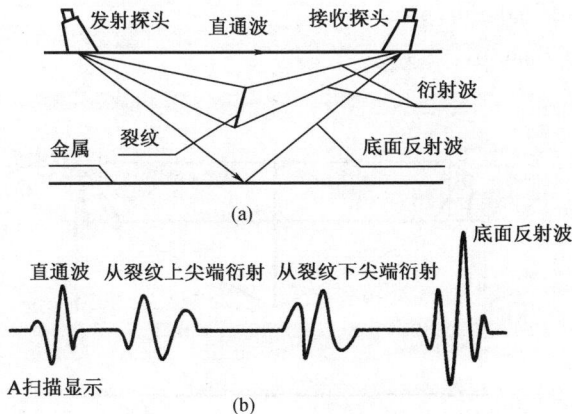

图 1.14　有缺陷的 A 扫描信号相位比较

直通波和底面反射波的相位是相反的。缺陷的下尖端信号与直通波的相位是相同的。缺陷的上尖端信号与底面反射波的相位是相同的。每一个衍射信号的上、下尖端点衍射波相位是相反的。对不同深度的两个衍射信号，可根据相位变化判断工件中是一个缺陷还是两个缺陷。如果两个信号的相位相反，可能是一个缺陷（例如一条裂纹）的上、下尖端衍射信号；如果两个信号的相位相同，则可判定为两个缺陷。

可观察到的信号的周期数在很大程度上取决于信号的波幅。但信号的相位往往难于识别，原因有两种：一种是信号波幅较低时，第一个半周期信号与噪声混淆，以至于将噪声当成信号；另一种是由于信号饱和而无法测出其相位，最常见于底面反射波。对后一种情况，需要先将探头在工件或校准试块上，调低增益，使底面反射波和其他难识别相位的信号都像缺陷信号一样具有相同的屏高，然后增加增益，记录信号相位如何随波幅变化而变化，一般这种变化集中在两个或三个周期内。

1.3.5 深度计算

TOFD 技术根据信号到达时间，利用简单的三角函数关系来计算衍射端点的深度，而不需要像常规超声检测那样寻找最高波，根据回波位置计算反射体的深度。

发射探头和接收探头入射点之间的直线距离称探头中心距，用符号 PCS 表示。如图 1.15 所示，由于两探头相对于衍射端点是对称的，则超声信号传播距离 L 可以用式（1.1）计算：

$$L = 2(S^2 + d^2)^{1/2} \tag{1.1}$$

超声信号传播时间计算式为

$$t = 2(S^2 + d^2)^{1/2}/c \tag{1.2}$$

衍射端点深度的计算式为

$$d = \left[(ct/2)^2 - S^2 \right]^{1/2} \tag{1.3}$$

式中　L——超声信号传播距离，mm；

　　　S——两探头入射点距离的一半，mm；

　　　d——衍射端点的深度，mm；

　　　t——超声信号传播时间，μs；

　　　c——声波速度，mm/μs。

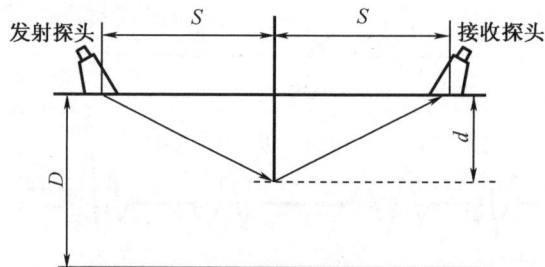

图 1.15　TOFD 基本计算示意图

通过信号传播时间可以计算出衍射端点的深度,前提是衍射端点在两探头之间对称中心点的位置上。但是实际情况是裂纹有时并不在两探头之间对称位置上,这样算出的深度有误差(对非平行扫查而言)。在大多数情况中,对宽度不大的 V 形坡口焊缝,缺陷偏离焊缝中心轴线不大,因此计算缺陷深度的误差很小,大多数情况下这种误差是可以忽略的。

例题 1　衍射点位于两探头连线的中心线上,已知:两探头中心距为 80 mm,衍射点深度为 30 mm,则超声信号传播距离是多少?

解:由公式 $L = 2(S^2 + d^2)^{1/2}$,得 $L = 2(40^2 + 30^2)^{1/2} = 100$ mm。

答:超声信号传播距离为 100 mm。

例题 2　衍射点位于两探头连线的中心线上,已知:两探头中心距为 80 mm,衍射点深度为 30 mm,声波速度为 6 mm/μs,则超声信号传播时间是多少?

解:由公式 $t = 2(S^2 + d^2)^{1/2}/c$,得 $t = 2(40^2 + 30^2)^{1/2}/6 = 16.6$ μs

答:超声信号传播时间是 16.6 μs。

例题 3　已知:声波速度为 6 mm/μs,衍射信号传播时间为 16.6 μs,两探头中心距为 80 mm。假设衍射点位于两探头连线的中心线上,则衍射点深度是多少?

解:由公式 $d = [(ct/2)^2 - S^2]^{1/2}$,得 $d = [(6 \times 16.6/2)^2 - 40^2]^{1/2} = 30$ mm。

答:衍射点深度是 30 mm。

1.3.6　PCS 设定和深度校准

1. 检测时的 PCS 设定

PCS 是指两探头入射点之间的直线距离。当为非平行扫查设置参数时,PCS 的最佳选择是超声波声束中心打在工件厚度的 2/3 处,这样能够覆盖焊缝的大部分区域(这一做法称为 2t/3 法则)。

如果主声束在工件中的角度是 θ,聚焦深度在 2/3 处,则 PCS 值应为

$$2S = (4/3) t\tan \theta \tag{1.4}$$

式中　t——工件厚度,mm。

2. 深度校准

实际应用中,深度计算所用的测量时间需要包括在探头楔块中的延时。总的传播时间可以用公式表示为

$$t = \frac{2\sqrt{S^2 + d^2}}{c} + 2t_0 \tag{1.5}$$

式中　$2t_0$——从晶片发出的声束到入射点需要的时间,称为延时时间,μs;

　　　S——两探头入射点距离的一半,mm;

　　　d——衍射端点的深度,mm;

　　　c——声波速度,mm/μs。

缺陷深度的计算公式为

$$d = \sqrt{\left(c \cdot \frac{t - 2t_0}{2}\right)^2 - S^2} \tag{1.6}$$

可以通过直通波和底面反射波的位置来得到波速和探头延时,这个方法有助于减小任何因对称性引起的误差,包括 PCS 误差。

直通波出现的时间公式为

$$t_L = 2S/c + 2t_0 \tag{1.7}$$

底面反射波出现的时间公式为

$$t_b = 2(S^2 + D^2)^{1/2}/c + 2t_0 \tag{1.8}$$

探头的延时公式为

$$2t_0 = t_b - 2(S^2 + D^2)^{1/2}/c \tag{1.9}$$

声波速度为

$$c = [2(S^2 + D^2)^{1/2} - 2S]/(t_b - t_L) \tag{1.10}$$

推荐深度的测量方法:测量 PCS 和工件厚度值,在扫查前将数据输入。然后采用 B 扫描和 D 扫描测量深度,进行校准。进行 PCS 测量时,应从两个探头的入射点算起。

例题 4 衍射点位于两探头连线的中心线上,已知:两探头中心距为 80 mm,衍射点深度为 30 mm,声波速度为 6 mm/μs,两个探头楔块中的总延时为 1.6 μs,则从发射到接收超声信号总的传播时间是多少?

解:由公式 $t = 2(S^2 + d^2)^{1/2}/c + 2t_0$,得 $t = 2(40^2 + 30^2)^{1/2}/6 + 1.6 = 18.2$ μs。

答:从发射到接收超声信号总的传播时间是 18.2 μs。

例题 5 已知:声波速度为 6 mm/μs,工件厚度为 45 mm,衍射超声信号总的传播时间为 18.2 μs,两个探头楔块中的总延时为 1.6 μs,两探头中心距为 80 mm。假设衍射点位于两探头连线的中心线上,则衍射点深度是多少?

解:由公式 $d = [(c/2)^2 (t - 2t_0)^2 - S^2]^{1/2}$,得 $d = [(6/2)^2 (18.2 - 1.6)^2 - 40^2]^{1/2} = 30$ mm。

答:衍射点深度是 30 mm。

例题 6 已知:声波速度为 6 mm/μs,工件厚度为 45 mm,衍射超声信号总的传播时间为 18.2 μs,两个探头楔块中的总延时为 1.6 μs,两探头中心距为 80 mm,则直通波出现的时间是多少?

解:由公式 $t_L = 2S/c + 2t_0$,得 $t_L = 80/6 + 1.6 = 14.9$ μs。

答:直通波出现的时间为 14.9 μs。

例题 7 已知:声波速度为 6 mm/μs,工件厚度为 53 mm,衍射超声信号总的传播时间为 18.2 μs,两个探头楔块中的总延时为 1.6 μs,两探头中心距为 80 mm,则底面反射波出现的时间是多少?

解:由公式 $t_b = 2(S^2 + D^2)^{1/2}/c + 2t_0$,得 $t_b = 2(40^2 + 53^2)^{1/2}/6 + 1.6 = 23.6$ μs。

答:底面反射波出现的时间为 23.6 μs。

3. 检查 A 扫描采集信号的正确性

直通波的信号非常弱,而横波的底面反射波比纵波的底面反射波还要强,因此 TOFD 检测的信号显示应包括直通波、底面反射纵波、底面反射变形波。为保证信号采集的正确性,通常需要利用直通波出现时间公式和底面反射波出现时间公式计算,用计算结果来核查所采集的信号是否正确。

1.3.7　TOFD 扫查类型

TOFD 检测有两种基本扫查类型。一类是非平行扫查,扫查得到的图像称为 D 扫描图像;另一类是平行扫查,扫查得到的图像称为 B 扫描图像。非平行扫查又可分为两种形式,一种是正常情况下应用的,探头在焊缝两边对称放置的非平行扫查;另一种是特殊情况下应用的,探头在焊缝两边不对称放置的偏置非平行扫查。

非平行扫查是指探头运动方向与声束方向垂直的扫查方式,一般指探头对称布置于焊缝中心线两侧沿焊缝长度方向运动的扫查方式,如图 1.16 所示,扫查结果称为 D 扫描,显示的图像是沿着焊缝中心剖开的截面。D 扫描所看到的视图用于采集焊缝及两侧母材中的缺陷,不能判断缺陷在焊缝中的横向位置。典型的 D 扫描图如图 1.17 所示。为了使一次扫查能够实现大范围检测,扫查的检测范围通常设置成整个声束扩散范围。由于两个探头置于焊缝两侧,焊缝余高不影响扫查。非平行扫查效率高、速度快、成本低、操作方便,只需一个人便可完成。

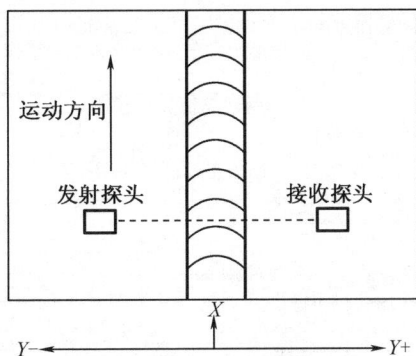

图 1.16　非平行扫查

偏置非平行扫查是指探头对称中心与焊缝中心线保持一定偏移距离的非平行扫查方式,如图 1.18 所示。这种扫查主要针对一些特殊情况,例如解决轴偏离底面盲区问题。当工件底面的焊缝较宽时,为提高焊缝底面熔合区和热影响区的缺陷检出率就需要采用该方法扫查。偏置非平行扫查主要用于缺陷定位和长度方向的定量,不能判断缺陷在焊缝中的横向位置,在高度方向上的定量不精确。

平行扫查是指探头运动方向与声束方向平行的扫查方式,如图 1.19 所示。扫查结果称为 B 扫描。平行扫查是跨越焊缝的横截面,扫查中探头需要越过焊缝,多数情况下需要将焊缝余高磨平再进行扫查。典型的 B 扫描图如图 1.20 所示。

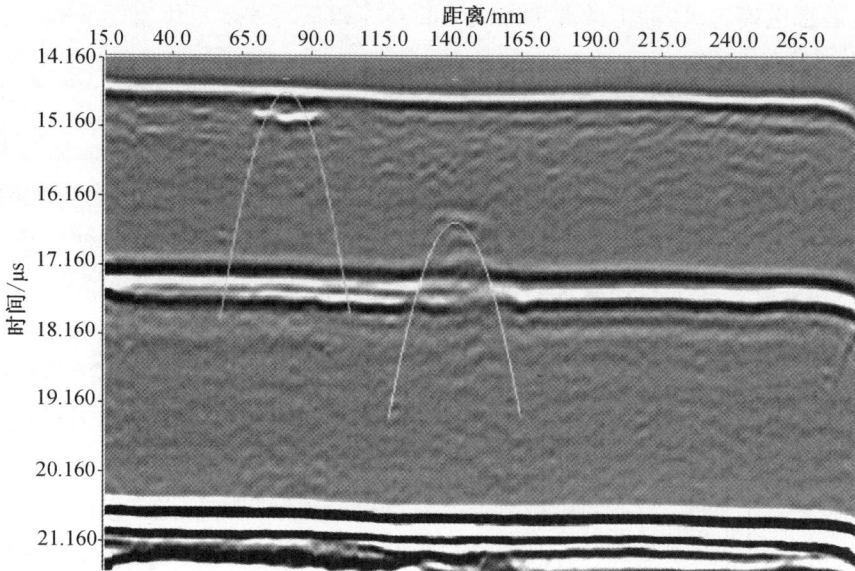

图 1.17 典型的 D 扫描图

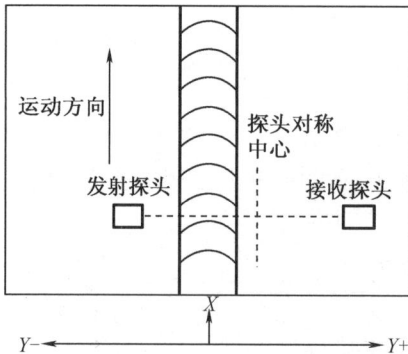

图 1.18 偏置非平行扫查

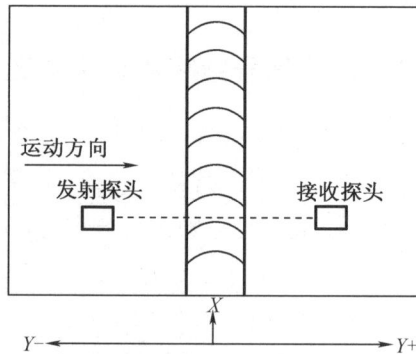

图 1.19 平行扫查

通过非平行扫查可以得到缺陷的长度数据,缺陷的深度和高度数据却可能不准确。对非平行扫查,缺陷深度和高度的测量精度与缺陷距焊缝中线的位置有关,如果缺陷不在焊缝中线,则深度计算将出现误差。

由 TOFD 技术的衍射点深度计算公式可知,在以两个探头为焦点形成的椭圆轨迹上的任意位置,衍射信号的传播时间是一样的,如图 1.21 所示。这意味着如果衍射点不在两探头的中间线上(如果探头相对于焊缝对称设置,则两探头的中间线就是焊缝中线),则计算的深度将不准确。由于从 D 扫描中无法得知缺陷距焊缝中线有多大距离,因此深度测量误差是未知的。这个深度测量误差通常并不大,因为大多数情况检测区域(例如焊缝及其热影响区)总是处于在椭圆轨迹的曲率最小的位置,即轨迹处于水平位置的一段。

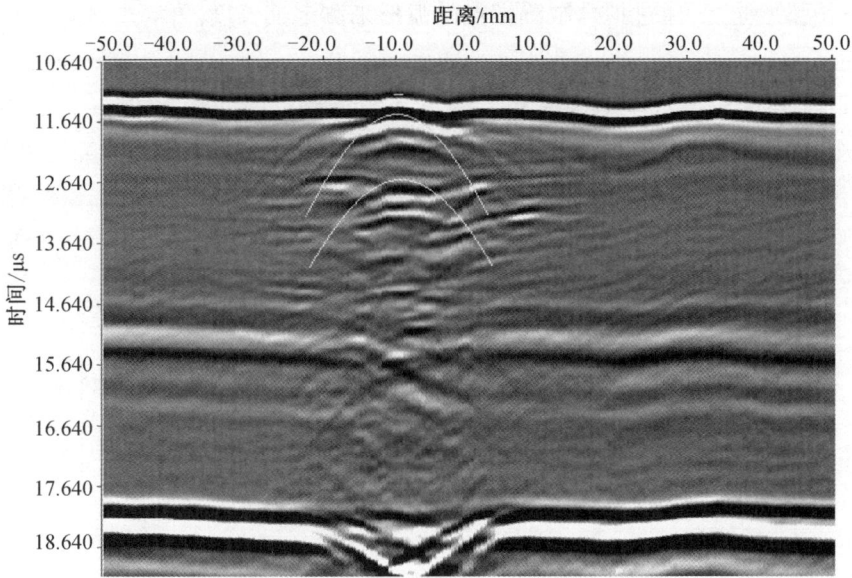

图 1.20　典型的 B 扫描图

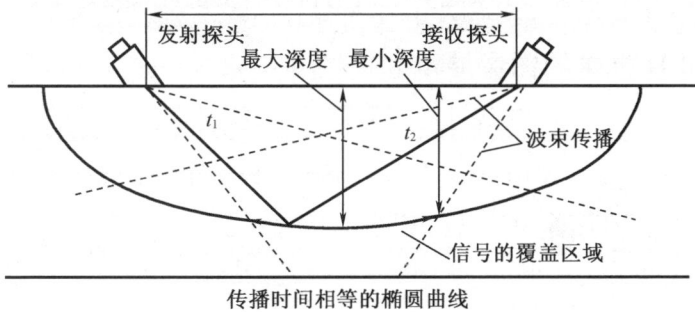

图 1.21　非平行扫查缺陷位置的不确定性

在平行扫查的 B 扫描显示中,可以看到更精确的缺陷深度和高度数据,以及该缺陷距焊缝中线的距离,但不能得到缺陷长度的数据。平行扫查时,探头横跨缺陷并沿与缺陷垂直方向移动。一个完整的平行扫查,在某一位置时缺陷必定位于两探头对称的中间线上,从而可以得到精确的深度值。

B 扫描中得到的衍射信号特征:探头接近缺陷时,信号出现并增大,声程逐渐变短,当缺陷位于两探头对称位置时,声程达到最短。曲线的凸起位置对应反射体传播的最小时间。此凸起的最高点包含了焊缝横截面内缺陷衍射端点的位置、未熔合顶部和底部的相对位置以及倾斜方向的信息,如图 1.22 所示。因为缺陷位置有助于判断缺陷特征,所以当使用编码器进行扫查时,应仔细选择起始位置,一般将起始位置定在焊缝横截面的 1 ~ 2 mm,且用焊缝中线标定起始点距离。要想使衍射信号显示曲线凸起更明显,可以采用较小的 PCS。

无论在非平行扫查还是在平行扫查的图形中,缺陷显示的两端都呈弧形,这一点在平行扫查的图形中尤其明显。为能测量出缺陷的长度,TOFD 仪器设计了特殊的测定缺陷长度的工具——弧形光标,通过拟合缺陷端点的弧形来测定其长度。

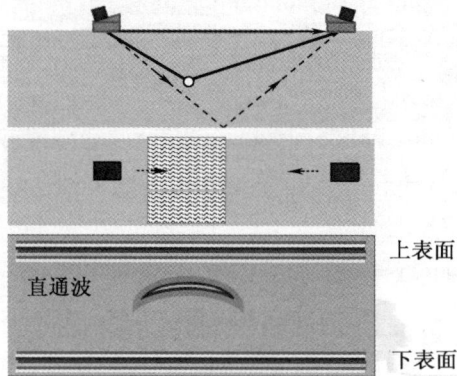

上表面

直通波

下表面

图 1.22　B 扫描中产生典型的反向抛物线

大多数情况下,为了迅速完成检测,或者为了减少成本,只进行非平行扫查。但是,要想得到缺陷深度、高度、倾角,以及相对焊缝中线的位置等准确信息,有必要对非平行扫查发现的缺陷进行平行扫查,这对于缺陷类型识别和焊缝质量等级判定都是有利的。

1.3.8　TOFD 技术的图像显示

TOFD 技术把一系列 A 扫描数据组合,通过信号处理转换为 TOFD 图像。在图像中每个独立的 A 扫描信号成为图像中很窄的一行,通常一幅 TOFD 图像包含了数百个 A 扫描信号。A 扫描信号的波幅在图像中是以灰度明暗显示的,通过灰度等级表现出幅度大小,如图1.23 所示。

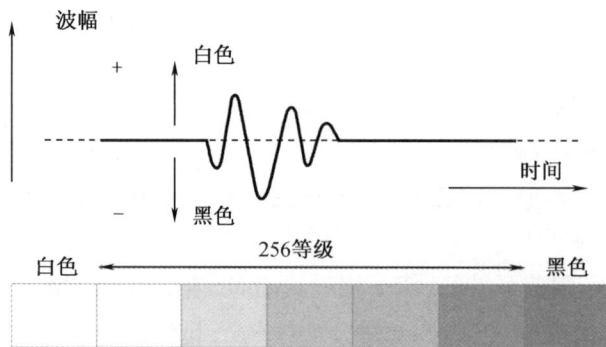

波幅

白色

\+

时间

\-

黑色

白色　256等级　黑色

图 1.23　TOFD 图像显示方式

TOFD 图像的一维坐标代表探头位移,另一维坐标代表信号传输时间。

在 TOFD 图像中,点状缺陷显示或线状缺陷端点显示呈现出一种特殊的弧形,如图 1.24 所示。产生弧形的原因可解释为弧形凸起峰的最高点对应的是衍射信号声程的最小位置。探头扫查过程中,衍射点相对于探头位置不断变化,衍射信号传输时间也不断变化。当缺陷位于发射和接收探头的连线中点下方的对称处时,信号通过发射及接收探头和与检测表面垂直的平面,脉冲传输时间最短。当探头偏离这一位置,无论是平行于焊缝移动(D 扫描),还是垂直于焊缝移动(B 扫描),传输时间都会增加。可以想象,TOFD 扫查时,探头由远处而来,经过缺陷再离去,由对称位置的一边扫描至另一边,衍射信号的传输时间先是逐渐减小,直到一个最小值,然后再次增加,这样在 TOFD 图像中就形成一个弧。

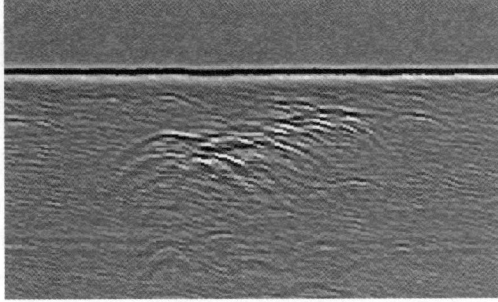

图 1.24　TOFD 图像

1.3.9　信号位置的测量

TOFD 技术采用光标对信号位置或信号传输时间进行测量,所用的光标工具有两种:一种是十字光标,用于从 A 扫描信号中测量数据,如图 1.25 所示;另一种是抛物线光标,用于从 D 扫描图中测量数据,如图 1.26 所示。

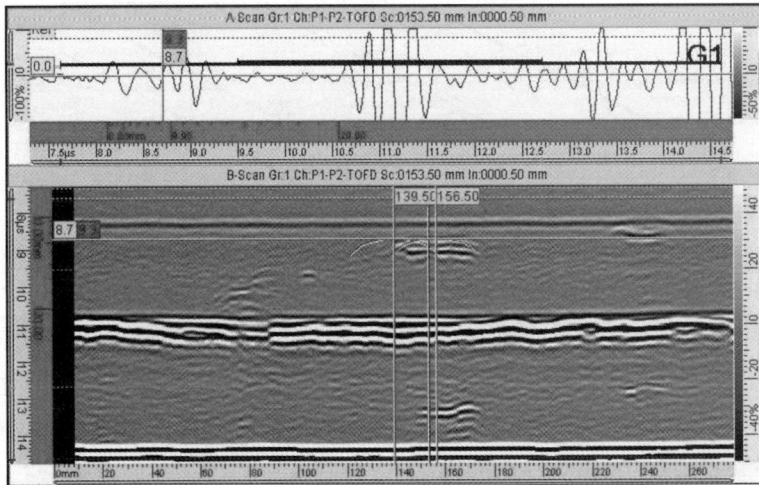

图 1.25　十字光标

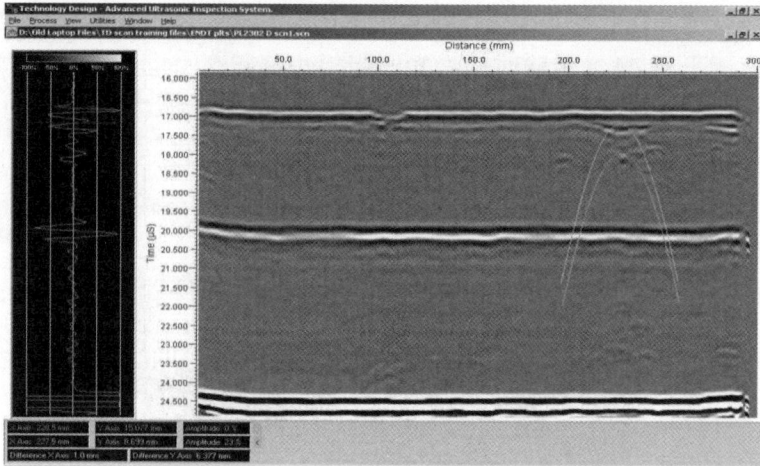

图1.26　抛物线光标

　　对平板焊缝之类的几何形状简单的工件,信号位置的测量包括3个参数:距离检测面的深度参数(Z)、平行焊缝方向上距扫查起始点的距离(即沿扫查线的位置参数X),以及垂直焊缝方向的横向距离(即横向位置参数Y),准备的设置如图1.27所示。为保证测量准确性,在非平行扫查中,应确定扫查起始点和扫查基准线。扫查基准线是在被检表面上作一条平行焊缝的线,在扫查过程中应始终保持线上每一点到探头入射点的距离不变。从非平行扫查记录中不能测量信号的横向距离Y,如需要测量Y参数,应进行平行扫查。

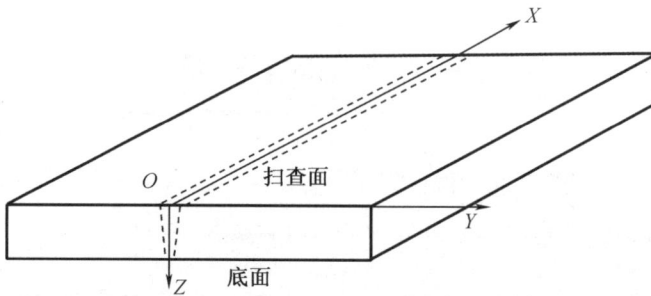

O—设定的检测起始参考点;X—沿焊缝长度方向的坐标;
Y—沿焊缝宽度方向的坐标;Z—沿焊缝厚度方向的坐标。

图1.27　信号位置坐标

　　1.距离检测面的深度参数(Z)的测量

　　参数Z用于确定信号距检测面的深度和缺陷高度。

　　使用十字光标测定深度的方法:首先将光标置于A扫描直通波的起始位置,相应的时间被记录下来,然后将光标置于缺陷波起始位置,再次记录时间,已输入声速和探头中心距的计算机就会自动显示出缺陷的深度。在缺陷非常靠近表面的情况下,缺陷信号和直通波信号之间的干涉可能会使光标的时间测量变得困难,但如果从D扫描图中观察,信号尾部仍可以被观察到,此时可从 D 扫描图中测量深度,方法是将抛物线光标与信号显示的尾部拟合。为保证准确性,要求抛物线光标的形状在每个深度上重新校准和重新显示,因为在近表面区域,抛物线形状的很小变化就会引起较大的深度误差。

2. 沿扫查线的位置参数(X)的测量

参数 X 用于确定信号沿扫查线的位置和缺陷长度。

测量参数 X 的前提是应确定扫查的起始点,探头移动时,仪器通过编码器记录每一个 A 扫描信号相对起始点的位置。通过移动十字光标就可以从记录中得到任意一个 A 扫描信号的 X 参数。

3. 横向位置参数(Y)的测量

使用一对探头进行非平行扫查无法测定横向位置参数(Y),因为在非平行扫查中,以两个探头为焦点的椭圆轨迹上,有无数个点的声束路径长度相等或声波传输时间相等。如果要确定缺陷信号的横向位置参数(Y),就必须在缺陷的上方进行平行扫查。

进行平行扫查时应首先确定扫查的起始点,以扫查前两探头中间的对称点为位置零点,使用编码器记录探头移动过程中每一个 A 扫描信号相对起始点的位置。在平行扫查的记录上用光标测量信号的声程最小位置,该数值就是缺陷位于探头中间的对称位置的信号,即参数 Y 的数值。

1.4　TOFD 技术的特点

1.4.1　常规超声检测技术的局限性

1. 角度问题

常规超声检测中,探头发出的超声波在缺陷造成的声阻抗不连续界面发生反射,根据回到探头的反射信号可以检测出金属内部的缺陷。为了使反射波能够回到探头,声束必须以适当的角度到达反射面。对平滑的反射面来说,当反射面相对超声波声束垂直时底面反射波幅值最高;反射面倾斜将导致底面反射波幅值迅速下降,仅仅 5° 的倾斜将使波幅下降一半(6 dB),而 10° 或更大的倾斜将使检测无法进行,即探头可能完全接收不到反射波。

在斜射横波检测时,可以在一定的角度范围选择探头,以便获得好的角度。但实际操作中仍会遇到声束与面积型缺陷不垂直,从而影响缺陷检出的问题。例如垂直于表面的未熔合缺陷,由于超声波声束无法以适当的角度到达缺陷表面,而导致漏检,因此不得不采用难以操作的串列扫查技术来实施检测。

2. 波幅问题

在常规超声检测中,判定缺陷的存在及测量其尺寸是基于信号的波幅,即当量比较法或端点 6 dB 法,这是一种简单且实用的方法。然而,影响信号波幅的因素很多,缺陷与标准反射体的表面粗糙度不同,工件与标准试块的表面粗糙度不同,缺陷的倾斜角度、缺陷的形状、操作时对探头的压紧力等,均会影响反射信号的波幅。因此,基于信号波幅的定量方法的准确性难以提高。

3. 信号记录和存储问题

常规超声脉冲回波检测使用的模拟超声探伤仪和简单数字超声探伤仪记录信号能力差,无法记录存储信号或只能记录存储单个信号,不能连续全过程记录信号,也不能进行大批量信号处理。

1.4.2 TOFD 技术的优缺点

从原理上讲,TOFD 技术与常规超声检测技术相比,有两个重要的特点:一是由于缺陷衍射信号与角度无关,检测可靠性和精度不受缺陷与入射波之间角度的影响;二是根据衍射信号传播时差确定衍射点位置,缺陷定量定位不依靠信号振幅。焊缝 TOFD 技术和常规超声检测技术的不同点见表1.1。

表 1.1 焊缝 TOFD 技术和常规超声检测技术的不同点

序号	比较项目	TOFD 技术	常规超声检测技术
1	采集信号	衍射波	反射波
2	定量方法	信号时差	信号波幅
3	探头材料	复合压电材料	普通压电材料
4	应用波型	纵波	横波
5	声束形状	大扩散角	小扩散角
6	探头布置	双探头	单探头
7	基本扫查方式	平行焊缝移动	锯齿形扫查
8	测量精度	数字量精密测量	模拟量粗略测量
9	信号记录	探头位置和缺陷信号关联的全过程信息记录	零散信号记录
10	显示方式	包含大量信息的图形显示	单个波形显示
11	检测结果评定	缺陷高度/长度	缺陷长度

1. TOFD 技术的优点

(1)TOFD 技术的可靠性好。由于衍射信号波幅基本不受声束角度影响,任何方向的缺陷都能有效地被发现,使该项技术具有很高的缺陷检出率。一般认为 TOFD 技术的缺陷检出率为 70%～90%,远高于常规超声技术,大多数情况下也高于射线照相技术。

(2)TOFD 技术的定量精度高。TOFD 技术对缺陷高度的定量精度远远高于常规超声技术。一般认为,对线性缺陷或面积型缺陷,TOFD 技术测量缺陷高度的误差小于 1 mm。

(3)TOFD 检测简便快捷,最常用的非平行扫查只需一人即可以操作,探头只需沿焊缝两侧移动即可,不需做锯齿扫查,检测效率高。

(4)TOFD 检测系统配有自动或半自动扫查装置,能够确定缺陷与探头的相对位置,信号通过处理可转换为 TOFD 图像。图像的信息量显示比 A 型显示大得多,在 A 型显示中,屏幕只能显示一条 A 扫描信号,而 TOFD 图像显示的是一条焊缝检测的大量 A 扫描信号的集合。与 A 型信号的波形显示相比,包含丰富信息的 TOFD 图像更有利于缺陷的识别和分析。

（5）当今使用的 TOFD 检测设备都是高性能数字化仪器，克服了模拟超声探伤仪和简单数字超声探伤仪记录信号能力差的缺点，不仅能全过程记录信号，长久保存数据，而且能高速进行大批量信号处理。

（6）TOFD 技术除了用于检测外，还可用于缺陷扩展监控，对裂纹高度扩展的测量精度极高，可达 0.1 mm。

2. TOFD 技术的局限性

（1）TOFD 技术对材料特性敏感。TOFD 衍射信号微弱，增益较高，使焊缝及母材中的晶粒噪声放大，造成检测信噪比较低，缺陷识别困难。目前 TOFD 技术仅用于碳钢及其他细晶材料的检测，铸钢及不锈钢等粗晶材料不适用。

（2）检测对象结构单一，目前仅适用于平板或者管对接焊缝。TOFD 技术要求一发一收的两个探头对称布置，故对不等厚焊缝、角焊缝、T 形焊缝及管节点焊缝检测时存在困难。检测不等厚焊缝时，定位及定量误差增大；角焊缝及 T 形焊缝等因探头无法放置于同一平面，需要特殊的检测工艺，且伴有诸多局限性，目前较少采用。

（3）单次扫查不能确定缺陷的准确位置、深度及高度。TOFD 检测和定位缺陷依赖于信号到达时间，按照三角几何关系计算内部衍射信号与直通波的时间差，进行深度坐标的线性化。理论上，缺陷回波位置位于以发射、接收两个声束主轴的发射、接收点为焦点的椭圆之上。单次扫查时，通常假定缺陷位于焊缝中心线上，计算缺陷深度及高度值，因此对偏离焊缝中心线的缺陷会带来误差，偏离越远，误差越大，如图 1.28 所示。

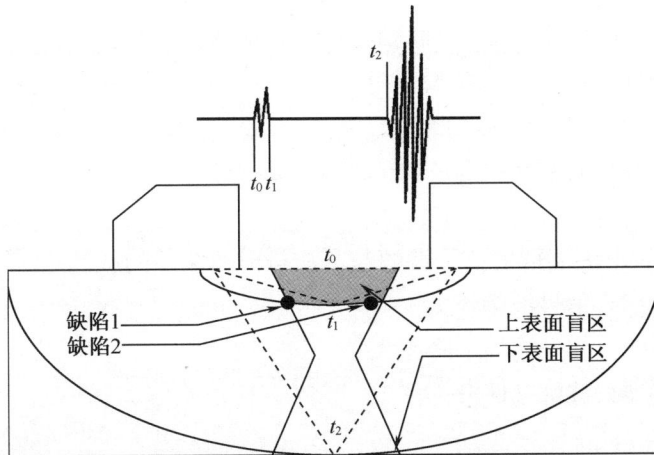

图 1.28　TOFD 检测原理及盲区示意图

（4）存在上、下表面盲区。直通波具有一定的持续宽度，位于近表面的缺陷因渡越时间与直通波传播时间接近，其衍射波将淹没于直通波中，导致缺陷漏检。该盲区称为上表面盲区。检测位于焊缝中心线两侧、靠近底面的缺陷时，衍射回波的渡越时间可能大于底面反射波的到达时间，从而使缺陷衍射回波淹没于底面反射波之中，造成漏检，该盲区称为下表面盲区，如图 1.28 所示。对上表面盲区，应辅以其他检测技术手段予以补充，如常规超声检测、相控阵超声检测、磁粉检测等。使用表面检测手段时,应对表面检测手段的有效检测深度予以确认。TOFD 的下表面盲区相对较小,当检测级别较高时,应采用偏置非平行扫查予以补充。当检测级别较低时,可以忽略。

(5)难以检测横向缺陷。TOFD 技术检测横向缺陷时,其显示特征为微小弧线,当焊缝中存在其他缺陷时,与其他缺陷信号混合,难以分辨。

(6)焊缝中线两侧缺陷信号重叠,无法进行水平方向定位。当仅使用标准非平行扫查时,焊缝中的所有缺陷将在垂直焊缝方向叠加显示在一个 B 扫描图像,如在图 1.28 同一椭圆上的缺陷 1 及缺陷 2 会在 B 扫描上显示在同一位置并叠加,使缺陷难以分辨。

综 合 训 练

一、选择题

1. "TOFD"是( )的英文缩写。

A. 缺陷的种类 　　　　　　　　　B. 信号的传播时间

C. 衍射波的时间差 　　　　　　　D. 缺陷测高方法

2. 衍射波信号的特点是( )。

A. 比反射波信号强得多,且没有明显的指向性

B. 比反射波信号弱得多,且没有明显的指向性

C. 比反射波信号强得多,且有明显的指向性

D. 比反射波信号弱得多,且有明显的指向性

3. 以下关于裂纹上尖端衍射信号波幅与声波折射角关系的叙述,正确的是( )。

A. 折射角在 65°时,信号波幅最大

B. 折射角在 38°时,信号波幅下降很大

C. 折射角在 20°时,波幅又回升

D. 以上都对

4. 以下关于裂纹下尖端衍射信号波幅与声波折射角关系的叙述,正确的是( )。

A. 折射角在 65°时,信号波幅最大

B. 折射角在 38°时,信号波幅下降很大

C. 折射角在 20°时,波幅又回升

D. 以上都对

5. 为什么用单个探头完成 TOFD 检测是困难的? ( )

A. 声束扩展太小 　　　　　　　　B. 传播时间太短

C. 反射波会掩盖衍射波 　　　　　D. 探头频率太低

6. 在进行 TOFD 检测时,两探头具有什么特点才会成功? ( )

A. 相同频率 　　　　　　　　　　B. 相同角度

C. 相同探头延迟 　　　　　　　　D. 相同入射点

7. TOFD 探头典型的角度是(　　　)。

A. 45°、60° 和 80°　　　　　　　　B. 30°、60° 和 70°

C. 45°、55° 和 70°　　　　　　　　D. 45°、60° 和 70°

8. TOFD 技术采用纵波检测的原因是(　　　)。

A. 纵波的传播速度快　　　　　　　B. 纵波的能量高

C. 纵波的波长短　　　　　　　　　D. 纵波的衰减小

9. TOFD 检测时,到达接收探头的信号是(　　　)。

A. 缺陷的衍射波

B. 缺陷的衍射波和反射波

C. 所有纵波

D. 所有纵波、所有横波,以及波型转换后的一部分纵波和一部分横波

10. 以下关于直通波性质的叙述,哪一条是错误的?(　　　)

A. 直通波在两个探头之间,沿最短路径以纵波速度进行传播

B. 直通波是一种特殊的表面波

C. 直通波的频率比声束中心的频率低

D. 直通波有时可能非常微弱,不能识别

11. 以下关于直通波与缺陷上尖端、缺陷下尖端和底面反射波信号相位关系的叙述,正确的是(　　　)。

A. 直通波和缺陷上尖端信号相位相同

B. 直通波和缺陷下尖端信号相位相同

C. 直通波和底面反射波信号相位相同

D. 以上都对

12. 衍射点位于两探头连线的中心线上,已知两探头中心距为 100 mm,衍射点深度为 37.5 mm,则超声信号传播距离为(　　　)。

A. 92 mm　　　　　　　　　　　　B. 109 mm

C. 125 mm　　　　　　　　　　　　D. 144 mm

13. 衍射点位于两探头连线的中心线上,已知两探头中心距为 100 mm,衍射点深度为 37.5 mm,声波速度为 6 mm/μs,则超声信号传播时间为(　　　)。

A. 15.3 μs　　　　　　　　　　　　B. 18.1 μs

C. 20.9 μs　　　　　　　　　　　　D. 24 μs

14. 已知声波速度为 6 mm/μs,衍射超声信号传播时间为 20.9 μs,两探头中心距为 100 mm,假设衍射点位于两探头连线的中心线上,则衍射点深度为(　　　)。

A. 28 mm　　　　　　　　　　　　B. 37.5 mm

C. 42 mm　　　　　　　　　　　　D. 56 mm

15. 衍射点位于两探头连线的中心线上,已知两探头中心距为 100 mm,衍射点深度为 37.5 mm,声波速度为 6 mm/μs,两个探头楔块中的总延时为 1.8 μs,则从发射到接收超声信号总的传播时间为(　　　)。

A. 16.9 μs　　　　　　　　　　　　B. 19.2 μs

C. 22.5 μs　　　　　　　　　　　　D. 26.6 μs

16. 已知声波速度为 6 mm/μs,工件厚度为 56 mm,衍射超声信号总的传播时间为 22.5 μs,两个探头楔块中的总延时为 1.8 μs,两探头中心距为 100 mm,假设衍射点位于两探头连线的中心线上,则衍射点深度为(   )。

A. 28 mm

B. 37.5 mm

C. 44 mm

D. 52 mm

17. 已知声波速度为 6 mm/μs,工件厚度为 56 mm,衍射超声信号总的传播时间为 22.5 μs,两个探头楔块中的总延时为 1.8 μs,两探头中心距为 100 mm,则直通波信号出现的时间为(   )。

A. 15.3 μs

B. 18.5 μs

C. 19.6 μs

D. 22.5 μs

18. 已知声波速度为 6 mm/μs,工件厚度为 56 mm,衍射超声信号总的传播时间为 22.5 μs,两个探头楔块中的总延时为 1.8 μs,两探头中心距为 100 mm,则底面反射波出现的时间为(   )。

A. 23.3 μs

B. 24.9 μs

C. 26.8 μs

D. 29.8 μs

19. 非平行扫查设置 PCS,选择超声波声束中心聚焦在工件厚度的 2/3 处,已知探头折射角为 60°,工件厚度为 60 mm,则 PCS 值应为(   )。

A. 120 mm

B. 138 mm

C. 148 mm

D. 156 mm

20. 已知声波速度为 6 mm/μs,工件厚度为 45 mm,两个探头楔块中的总延时为 1.6 μs,两探头中心距为 80 mm,仪器显示的信号 A 时间为 15.9 μs,信号 B 时间为 21.7 μs,则可以确认(   )。

A. 信号 A 是直通波信号,信号 B 是底面反射纵波信号

B. 信号 A 不是直通波信号,信号 B 是底面反射纵波信号

C. 信号 A 是直通波信号,信号 B 不是底面反射纵波信号

D. 信号 A 不是直通波信号,信号 B 不是底面反射纵波信号

21. 焊缝余高过高,会导致直通波信号(   )。

A. 消失

B. 波幅明显减小

C. 没有明显变化

D. 以上都可能

22. 如果裂纹与两探头中心线不垂直而发生偏斜,夹角由 90° 减小到 70°,则此时(   )。

A. TOFD 衍射信号的振幅显著下降,缺陷难以检出

B. TOFD 衍射信号的振幅轻微下降,一般不影响检出

C. TOFD 衍射信号的振幅显著上升,对检出有利

D. 以上都不对

23. 下面关于偏置非平行扫查的说法,正确的是(　　　)。

A. 可得到准确的深度值

B. 可提高缺陷高度测量的精度

C. 可解决轴偏离盲区问题

D. 可改进缺陷定位

24. 以下哪一条不是非平行扫查的优点?(　　　)

A. 一次扫查能够实现大范围检测,效率高

B. 能同时得到缺陷长度和高度数据

C. 焊缝余高不影响扫查,操作方便

D. 定位定量准确

25. 采用平行扫查检测平板对接焊缝中的未熔合缺陷,不能得到的缺陷信息是(　　　)。

A. 缺陷的长度　　　　　　　　　　B. 缺陷的高度

C. 缺陷距焊缝中线的距离　　　　　D. 缺陷的倾斜角度

26. 要想使平行扫查的 B 扫描图中缺陷衍射信号曲线凸起更明显,可以采取的措施为(　　　)。

A. 采用较小的 PCS 和较窄的声束宽度

B. 采用较小的 PCS 和较低的频率

C. 采用较大的 PCS 和较窄的声束宽度

D. 采用较大的 PCS 和较高的频率

27. 以下哪些因素会影响 TOFD 技术对缺陷定量的准确性?(　　　)

A. 缺陷与标准反射体的形状和表面粗糙度不同

B. 工件与标准试块的表面粗糙度不同,操作时对探头的压紧力改变

C. 缺陷的倾斜角度

D. 以上均不会

28. 与常规超声技术相比,以下哪一条不是 TOFD 技术的优点?(　　　)

A. 可靠性更高　　　　　　　　　　B. 定量精度更高

C. 检测效率更高　　　　　　　　　D. 缺陷定性更准确

29. 与常规超声波检测仪器相比,TOFD 检测设备的优点之一是(　　　)。

A. 价格低　　　　　　　　　　　　B. 操作简单

C. 能全过程记录信号　　　　　　　D. 现场适用性好

30. TOFD 可检测(　　　)。

A. 埋藏缺陷

B. 表面开口缺陷

C. 各种缺陷,几乎与指向性无关

D. 面积型缺陷

31. TOFD 不可能(　　　)。

A. 检测表面开口缺陷　　　　　　　B. 检测近表面缺陷

C. 对缺陷精确定性　　　　　　　　D. 以上都正确

32. 以下哪一条不是 TOFD 技术的局限性？（　　）

A. 近表面缺陷的检测可靠性不够高

B. TOFD 图像识别和判读需要更多经验

C. 检测速度较慢

D. 对粗晶粒检测信噪比较低

33. TOFD 技术（　　）。

A. 不可能对粗晶材料实施检测

B. 不可能对高温度工件实施检测

C. 不可能对仅有下半部施焊的未填满的焊缝实施检测

D. 以上情况下都可实施检测

34. 裂纹不在两探头中心线位置，而是离其中一个探头较近，这时的 TOFD 衍射信号波幅（　　）。

A. 有所下降，但不会影响缺陷检出

B. 有所上升，有利于缺陷检出

C. 显著下降，导致缺陷漏检

D. 以上都可能

二、简答题

1. 在哪些角度范围可以获得满意的衍射信号，最不利的衍射角度是多少？

2. TOFD 技术为什么采用双探头配置，这样配置有什么优点？

3. TOFD 技术为什么使用纵波？如果使用横波会出现什么后果？

4. TOFD 声场中有哪些信号，其时序次序是如何排列的？

5. 直通波是如何产生的？为什么脉冲反射法超声检测没有直通波问题？

6. 什么是 PCS？PCS 的变化会影响哪些方面？

7. TOFD 声场中各种信号的相位关系如何？缺陷上、下端点信号相位为什么相反？

8. TOFD 图像中缺陷显示为什么会呈现出特殊的弧形？

9. TOFD 扫查有哪些类型，各有什么用途和特点？

10. TOFD 检测的信号位置的测量包括哪 3 个参数？非平行扫查能获得其中几个参数？

11. TOFD 技术有哪些优点和局限性？

三、计算题

1. 检测 60 mm 厚的焊缝，聚焦点选在板厚的 2/3 处，则：

（1）探头折射角 $\theta_L = 45°$，探头中心距 PCS 是多少？

（2）探头折射角 $\theta_L = 60°$，探头中心距 PCS 是多少？

（3）探头折射角 $\theta_L = 70°$，探头中心距 PCS 是多少？

2. 检测 60 mm 厚的焊缝，探头折射角 $\theta_L = 60°$，则：

（1）聚焦点选在板厚的 1/2 处，探头中心距 PCS 是多少？

（2）聚焦点选在板厚的底部，探头中心距 PCS 是多少？

3. 检测 45 mm 厚的焊缝,探头中心距 PCS 为 80 mm,材料声速为 5 930 m/s,衍射信号总的传播时间为 15.9 μs,楔块中延时为 0.9 μs,求衍射点深度。

4. 检测 40 mm 厚的焊缝,探头中心距 PCS 为 80 mm,底面反射波信号的传播时间为 20.6 μs,直通波信号的传播时间为 14.9 μs,求声波速度。

5. 检测 40 mm 厚的焊缝,探头中心距 PCS 为 120 mm,材料声速为 5 930 m/s,底面反射波信号的传播时间为 25.1 μs,求超声波在楔块中的传播时间。

6. 当探头中心间距 PCS 为 90 mm,工件厚度为 35 mm 时,假定材料声速为 5 930 m/s,直通波和底面反射波之间相差多少微秒?

7. 当探头中心间距 PCS 为 60 mm,楔块角度为 60°时,假定材料声速为 5 930 m/s,TOFD 主声束交点深度是多少?

8. 用 60°探头检测一个在役球罐焊缝内表面应力腐蚀裂纹,已知工件壁厚为 40 mm,假定材料声速为 5 930 m/s,不计探头楔块延时,则底面反射波到达时间为多少?

第 2 章　TOFD 技术的信号处理

学习目标

1. 通过学习模拟信号数字化,知道采样定理,理解信号带宽,合理选用滤波器。

2. 通过学习模拟信号的数字量化过程,熟悉信号幅值量化误差和信号动态范围。

3. 通过学习检测过程中的数据采集量,分析 TOFD 检测采集到的数据量的影响因素,学会计算检测数据的存储空间。

4. 通过学习信号处理与分析,解释信号平均、图像拉直、直通波的去除原理及应用。

5. 通过学习用于缺陷定位和定量的曲线拟合指针,学会操作点状缺陷和线性缺陷的特征弧线拟合。

6. 陈述在线分析和离线分析的特点,熟悉合成孔径聚焦的原理及用途。

2.1　模拟信号数字化

2.1.1　模拟信号与数字信号

自然界中存在着很多在时间和数量上都连续的物理量,称为模拟量。比如日常生活中常见的有压力、温度、声音、质量、位移等。在工程上常用传感器将模拟量转换为电流、电压、电阻等电信号,这些电信号称为模拟信号。超声检测使用的脉冲信号就是模拟信号的一种。

自然界还有另一类物理量,它们在时间和数值上表现出离散特性,也就是说它们在时间上是不连续的,总是发生在一系列离散的瞬间,这类物理量称为数字量。比如股票的价格、生产线上零件的计量、文章的字数等。用来表示数字量的信号称为数字信号。

数字信号通常用数字波形表示,数字波形是逻辑电平与时间的关系。逻辑电平通常用 0 和 1 来表示,这个 0 和 1 区别于十进制中的数字,它们是逻辑 0 和逻辑 1,可以称为二值数字逻辑或简称数字逻辑。在电路上,用电子器件的开关特性很容易实现数字信号的数字逻辑 0 和 1。当某波形仅有两个离散值时,可以称为脉冲波形。此时,数字波形与脉冲波形的关系是统一的,区别是表达方式不同,前者用逻辑电平表示,后者用电压值表示,如图 2.1 所示。

在电子和信息技术系统中,数字信号具有非常重要的地位和意义。模拟信号有很多的局限性,比如容易失真,精度低,抗干扰能力差,远距离传输和大规模的存储都很困难,也无法进行复杂的分析处理等,而如果将模拟信号转换为数字信号,上面的问题都会迎刃而解。数字化技术可以说是计算机技术、多媒体技术、智能技术和信息技术的基础。同样,TOFD

技术能够发展和应用起来,前提条件也取决于超声模拟信号的数字化。

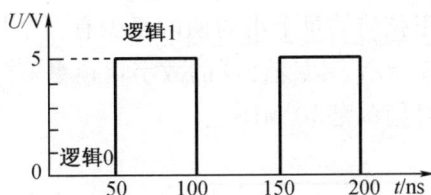

图 2.1　数字波形与脉冲波形

TOFD 技术要求保存扫查过程中每个检测位置的完整的未处理的 A 扫描信号,这些信号就是模拟信号转换为数字信号之后保存的。采用数字化来记录、保存超声检测数据有很多优点:

(1)能够实现检测数据的长期和海量的存储;

(2)便于采用各种信号处理的操作,比如信号增强、平均、叠加等;

(3)取用、再分析、通信传输方便;

(4)精度比较高,抗干扰能力强。

2.1.2　模拟信号数字化和采样定理

超声检测的模拟系统优点是速度快,队列探头的激发、回波的接收,以及信号的放大和滤波都是在模拟模式下进行的。然而,当需要存储所有的检测数据并对数据进行进一步的分析和处理时,模拟信号必须进行数字化。

模拟信号数字化的主要原理是对模拟波形用相同的时间间隔来进行取样,每个样本的信息包括幅度、位置和相位,然后由计算机保存起来。这样保存在计算机中的信息就不是波形,而是由一连串包含足够特征量,能够重建该 A 扫描显示的数字信号。A 扫描的数字化如图 2.2 所示。

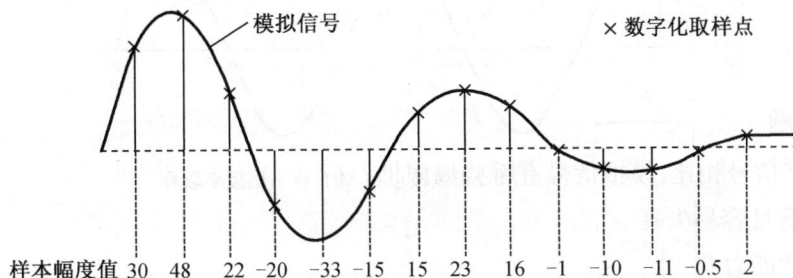

图 2.2　A 扫描的数字化

采样通过模拟/数字转换器(简称 A/D 转换器)实现。对缓慢变化的信号的采样比较容易,对高频高速信号采样时却经常会出现信号失真现象,即采集的数字信号不能正确地重建 A 扫描。研究发现,快速变化的模拟信号采样必须遵循采样定理。模拟信号的数字化也必须遵循采样定理。

采样定理指出:要使信号采样后能够不失真还原,采样频率必须大于信号最高频率的两倍。只有这样才可以保证正弦波的每个半周期内至少有一个样点,这被称为奈奎斯特极限。这个极限的说明如图2.3所示。以这样低的数字化频率采样,虽然信号幅度失真很大,但计算机仍然能够识别出信号频率是10 MHz。

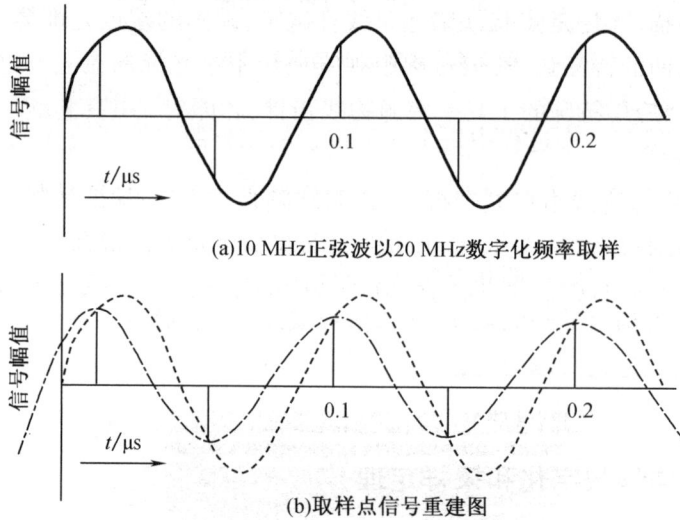

(a)10 MHz正弦波以20 MHz数字化频率取样

(b)取样点信号重建图

图 2.3 20 MHz 数字化频率对 10 MHz 的正弦波进行采样

如果采用低于信号最高频率两倍的采样频率来进行采样,则采样点不足以使每个半周期内都有一个样本,那么当进行信号重建时,将不能重建正确的频率,那么计算机也不能得到正确的数据,如图2.4所示。采用正确的采样频率是很有必要的。

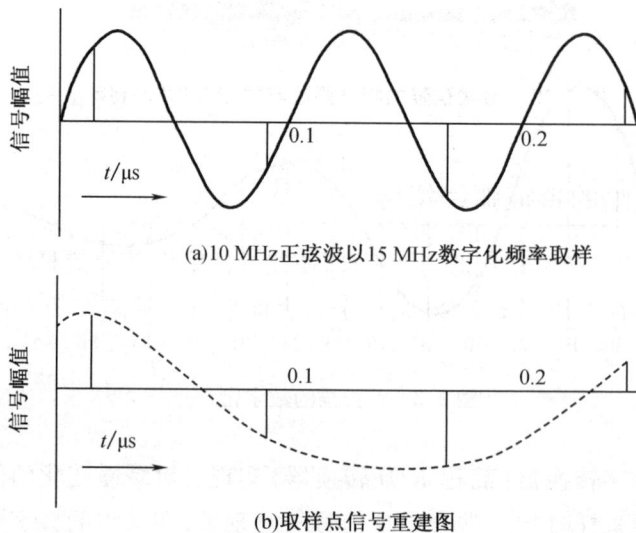

(a)10 MHz正弦波以15 MHz数字化频率取样

(b)取样点信号重建图

图 2.4 15 MHz 数字化频率对 10 MHz 的正弦波进行采样

A/D 转换器以选定的采样频率对 A 扫描信号进行取样。采样点的位置相对于超声波信号的任何位置是随机的,因此一个样本能否取在正半周期波峰或者负半周期波峰都是有一定概率的,这样最大振幅的测量有可能不正确。数字化频率越高,样本采集到峰值的概率就越大,数字信号对于模拟信号失真的程度就越小。实际情况下,采样数量越多,重构的波形越精确,如图 2.5 所示。采样点数量越大,仪器所需要的存储空间也就越大,扫查的速度也会降低。

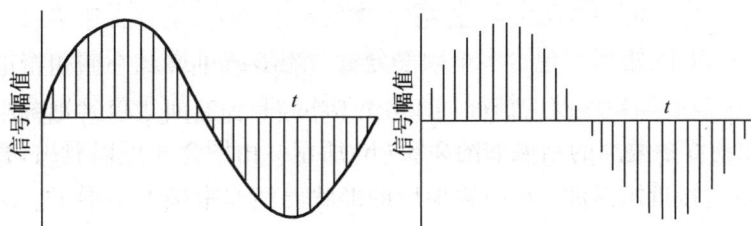

图 2.5　采样数量与波形精确度关系

对于常规的脉冲回波检测,因为任何尺寸估计都依靠测量信号振幅的最大值,所以数字化采样取到峰值很重要。而对于 TOFD 数据来说,峰值的测量并不十分重要,因为衍射点的深度与信号到达时间有关,并不取决于信号的幅度。然而,时间测量准确性也是与采样频率相关的,减小信号失真是必要的,因此需要将采样频率提高到探头中心频率的 5 倍。TOFD 检测常用的探头频率如 2 MHz、5 MHz、10 MHz、15 MHz,则所使用的数字化采样频率至少应该达到 10 MHz、25 MHz、50 MHz、75 MHz。目前很多数字超声波系统的最大数字化采样频率已经超过了 100 MHz。

2.1.3　信号带宽

实际检测使用的超声脉冲不是正弦波,在频域范围,脉冲波和正弦波有很大差异。

如信号表示为时间的函数,该信号称为时域信号,以时间为横坐标,信号幅值为纵坐标,一个正弦波信号在时域坐标的图形如图 2.6 所示。

如信号表示为频率的函数,该信号称为频域信号,以频率为横坐标,信号幅值为纵坐标,正弦波信号在频域坐标的图形如图 2.7 所示。

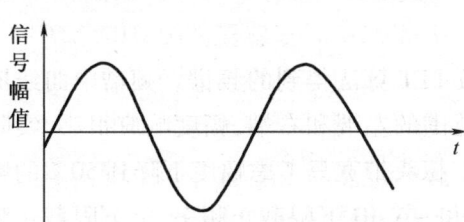

图 2.6　正弦波时域信号

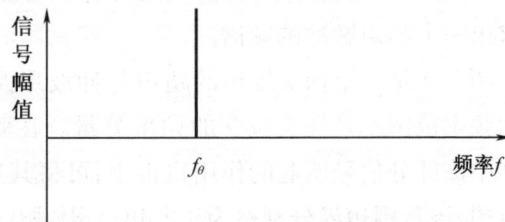

图 2.7　正弦波频域信号

对简谐信号（正弦波或余弦波），其时域和频域的对应关系如下式：

$$x(t) = A\sin(2\pi f_0 + \varphi) \tag{2.1}$$

式（2.1）表明，时域里一条正弦波曲线的简谐信号，在频域中对应一条谱线，即正弦信号的频率是单一的，其频谱仅仅是频域中相应 f_0 频点上的一个尖峰信号。

按照傅里叶变换理论：任何时域信号都可以表示为不同频率的正弦波信号的叠加。例如一个矩形波，按傅里叶级数展开的数学表达式为

$$f(t) = \frac{4A}{\pi}\left(\sin \omega t + \frac{1}{3}\sin 3\omega t + \frac{1}{5}\sin 5\omega t + \frac{1}{7}\sin 7\omega t + \cdots\right)$$

该数学表达式表明，矩形波包含多个频率分量。矩形波可通过不同频率的正弦波多次叠加得到。用正弦波叠加矩形波的情况如图2.8所示，取公式前3项分别叠加的结果如图2.8（a）所示，取前6项叠加的结果如图2.8（b）所示。由图2.8可以看出，叠加的高频谐波用得越多，波形越接近矩形波。6项叠加后的形状已经非常接近矩形了。所有参与叠加的不同谐波的频率共同构成矩形波的频谱，每一个谐波频率就是矩形波的一个频率分量。

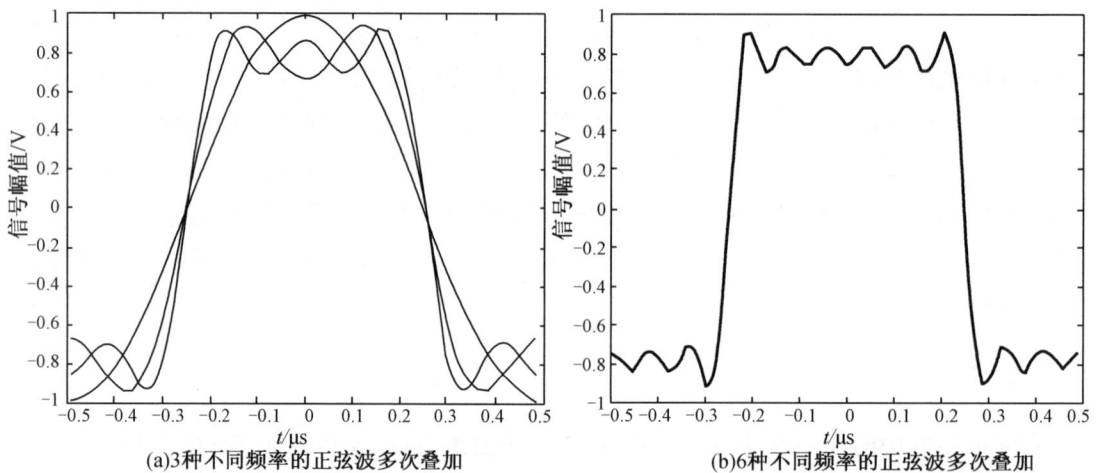

(a)3种不同频率的正弦波多次叠加　(b)6种不同频率的正弦波多次叠加

图2.8　多次正弦波叠加得到矩形波

除了简谐信号（正弦波或余弦波）以外，其他任何波形的频率都不是单一的。超声脉冲不是正弦波，其频率也不是单一的，其中包含有多个频率分量。超声脉冲波形可用不同频率的正弦波的多次叠加得到。利用计算机通过一种快速傅里叶变换（FFT）算法，可以方便地求出一个超声脉冲的频谱。

图2.9是一个探头发出的超声脉冲波形及其按FFT算法得到的频谱。频谱中曲线覆盖的频率范围就是探头包含的频率分量。在频率范围的左端和右端，幅度响应很小，实际检测中该部分信号所起的作用也很小，可将其忽略。探头带宽只考虑幅度下降到50%的频率范围，该范围边界分别称为 -6 dB 上限截止频率和 -6 dB 下限截止频率，上下限截止频率之间范围称为 -6 dB 带宽。图2.9中探头的中心频率为 4.5 MHz；上下限截止频率分别是 6.9 MHz 和 1.8 MHz；-6 dB 带宽为 5.1 MHz。

　　了解信号带宽以后,再来考虑超声信号采样不失真的条件,不能按标称频率确定奈奎斯特极限。对 5 MHz 的超声信号,用 10 MHz 的采样频率是不够的。由于超声脉冲有一定带宽,采样频率必须大于 −6 dB 上限截止频率的两倍,才可保证信号不失真。以图 2.9 为例,由于上限截止频率为 6.9 MHz,满足奈奎斯特极限的采样频率应为 13.8 MHz。

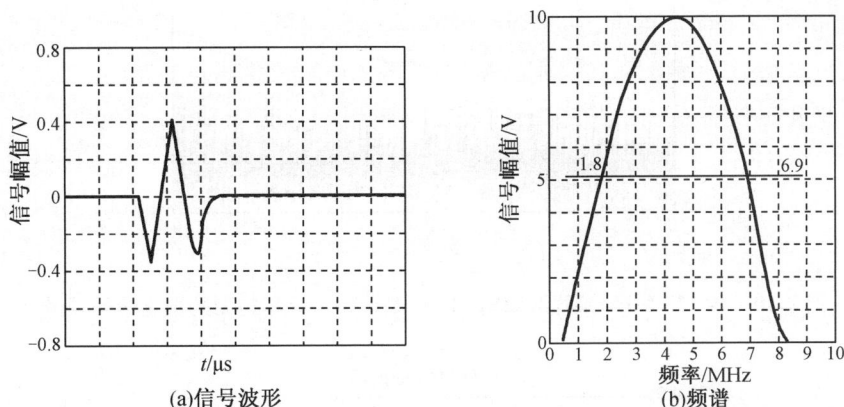

(a)信号波形　　　　　　　(b)频谱

图 2.9　一个探头发出的超声脉冲波形及其按 FFT 算法得到的频谱

2.1.4　混叠

　　采样定理还指出:当用频率 F 对一个信号进行采样时,信号中 $F/2$ 以上的频率分量不是消失了,而是对称地映像到了 $F/2$ 以下的频带中,并且和 $F/2$ 以下的原有频率分量叠加起来,这个现象叫作"混叠"。混叠会产生假频率、假信号,会严重影响测量结果,在数字信号分析测试中必须引起高度的关注和重视。

　　可以通过一个对正弦信号采样的试验了解混叠发生时的现象和后果。

　　正弦波信号的频率是单一的,其频谱曲线就是一个尖峰。对频率为 11.5 MHz 的正弦波扫频,得到显示频点 $f_{IN} = 11.5$ MHz 的尖峰。而当采样中出现混叠时,该尖峰会从该频点移动到另一个频点,即高频信号映像到 $F/2$ 以下的频点。

　　用采样频率 125 MHz 的 12 位 A/D 转换器对正弦信号采样。第一次试验的采样对象是频率 11.5 MHz 信号,由于采样频率($f_S = 125$ MHz)远大于采样定理要求的输入信号频率的 2 倍,所以不会出现混叠。采样输出的数字信号的频谱如图 2.10 所示,信号尖峰正好出现在 11.5 MHz 的频点上。频谱中一些其他的尖峰,是 A/D 转换器非线性引起的谐波,不是有用信号,幅值很低。

　　第二次试验把输入正弦波的频率提高到 $f_{IN} = 183.48$ MHz,这时采样后的数字信号的尖峰位置发生了改变。由于该输入信号频率大于采样频率的 1/2,所以会存在混叠现象,在采样频率之上的原始信号的频率分量映像到了 $F/2$ 以下部分,如图 2.11 所示。在 58.48 MHz 出现了一个原始信号中没有的尖峰,这就是混叠产生的信号。

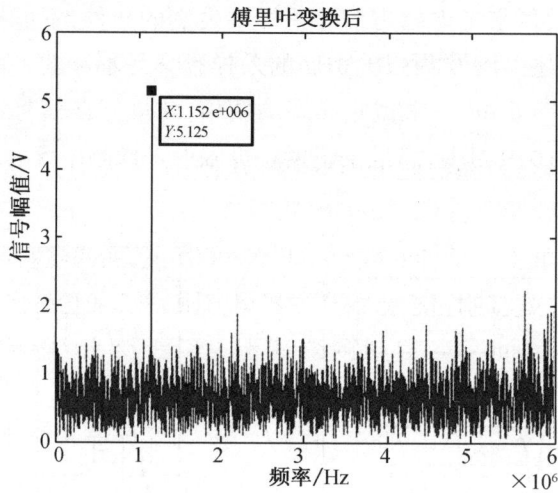

图 2.10 用 125 MHz 采样频率对 11.5 MHz 信号采样得到的数字信号频谱

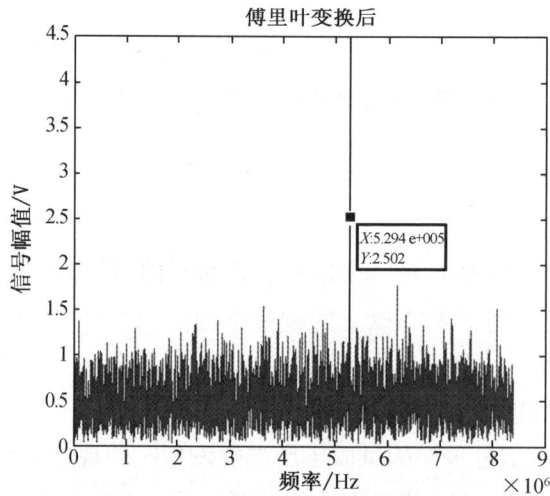

图 2.11 用 125 MHz 采样频率对 183.48 MHz 信号采样得到的数字信号频谱

频率混叠不仅影响频域信号的分析，而且影响时域信号的分析，即不论在时域还是频域中，频率混叠都将产生错误的信号。

消除混叠的方法有两种：

（1）提高采样频率 F，即缩小采样时间间隔。然而对实际信号处理系统来说，采样频率提高到一定程度后，再提高会非常困难，且采样频率提高使数据量大大增加。另外，大多数信号本身都含有全频带的频率成分，采样频率是不可能提高到无穷大的。所以通过提高采样频率避免混叠是有限制的。

（2）采样抗混叠滤波器。在采样频率 F 一定的前提下使用低通滤波器滤掉高于 $F/2$ 的频率成分，对通过低通滤波器以后的信号采样就可以避免出现频率混叠。

2.1.5　滤波器的选用

滤波器是具有频率选择作用的电路或运算处理系统,具有滤除噪声和分离不同信号的功能。按功能可分为低通、高通、带通、带阻,如图 2.12 所示。按电路组成可分为 LC 无源滤波器、RC 无源滤波器、由特殊元件构成的无源滤波器、RC 有源滤波器。

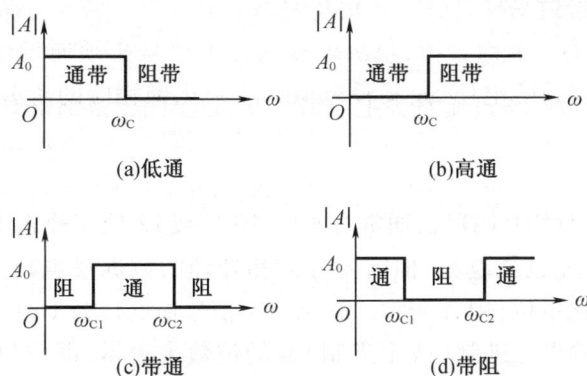

图 2.12　滤波器低通、高通、带通、带阻示意图

高通滤波器是指让高频率信号通过的滤波器。信号频率越低,通过性越差,直至不能通过。在信号降到某一个频率时,其通过信号电平降低到输入信号电平的 70%（−3 dB）,此频率为其临界频率,称为 −3 dB 截止频率,以此为信号通过分界点。低通滤波器与高通滤波器类似,是指让低频率信号通过的滤波器,信号频率越高,通过性越差,也是以 3 dB 为临界点。带通滤波器可以看成是高通滤波器与低通滤波器的串联,只是两者有部分带宽重合,频率位于重合的带宽部分的信号便可以通过,其他的则分别被滤除。

从理论上说,TOFD 检测的滤波带宽大一些好,但带宽过大噪声信号会增大,从而影响检测。很多噪声的主要频率远离所使用探头的中心频率,使用带通滤波器可以有效地降低噪声干扰。为了获得最好的信噪比,滤波器频率的选择应为适合于所使用超声波探头频谱的一个通带。推荐滤波器带通宽度的最小范围是 0.5 到 2 倍的探头中心频率,例如一个中心频率 5 MHz 探头应选择 2.5 MHz 的高通滤波器和 10 MHz 的低通滤波器。

上述规定对宽带探头的选择有时可能显得不够,此时应进一步加大带通宽度以保证高通滤波器能通过探头频谱的高频分量,低通滤波器能通过探头频谱的低频分量。如果一个 5 MHz 宽带探头具有从 2.5 MHz 到 8 MHz 的频谱,可选择 2 MHz 的高通滤波器和 10 MHz 的低通滤波器。

当使用高频宽带探头时,系统的最大数字化频率可能不能满足采样定理,为了避免混叠,保证数字化采样频率高于奈奎斯特极限,必须选择低通滤波器限制信号高频分量通过。例如,使用具有 10 MHz 到 22 MHz 频谱范围的 15 MHz 探头来进行检测,而系统可用的最大数字化频率为 40 MHz,为了阻止任何高于数字化采样频率一半的信号,低通滤波器只能设置为 20 MHz。

2.1.6 信号幅值的量化

数字信号不仅在时间上是离散的,而且在幅值上也是不连续的。将模拟信号转换为数字量称为模拟/数字转换(模/数转换),又称 A/D 转换。在 A/D 转换过程中,还必须将采样得到的样本电压值,按某种近似方式归化到相应的离散电平上,这一转化过程称为数值量化,量化也是通过 A/D 转换器实现的。

A/D 转换一般要经过采样、保持、量化及编码 4 个过程。采样遵循采样定理,为了给后续的量化编码过程提供一个稳定值,每次取得的模拟信号必须通过保持电路保持一段时间。量化是指将采样保持的电压,按某种近似方式归化到相应的离散电平上,量化后的数值最后还需通过编码过程,用一个代码表示出来。经编码后得到的代码就是 A/D 转换器输出的数字量。

在 TOFD 系统中配置的计算机,通常有 8 位、10 位或 12 位 3 种 A/D 转换器。A/D 转换器的位数越多,量化误差也就越小,但需要存储和处理的数据量也越大。量化过程中所取最小数量单位称为量化单位,用 Δ 表示。它是数字信号最低位为 1 时所对应的模拟量。A/D 转换器的分辨力以输出二进制(或十进制)数的位数来表示,即位数说明 A/D 转换器对输入信号的分辨能力。从理论上讲,n 位输出的 A/D 转换器能区分 2^n 个不同等级的输入模拟电压,能区分输入电压的最小值 Δ 为满量程输入的 $1/2^n$。例如 A/D 转换器输出为 8 位二进制数,输入信号最大值为 5 V,那么这个转换器应能区分出输入信号的最小电压为 $\Delta = 5\,000\ \text{mV} \div 2^8 = 19.53\ \text{mV}$。

表 2.1 给出了不同位数 A/D 转换器输出的检波和未检波的 A 扫描信号的动态范围。对于未检波的 TOFD 信号,表现最大幅度的数值是检波信号的一半。在该表中同时给出未检波信号的动态范围最大值,动态范围的计算公式是

$$20\lg(A_1/A_2) \tag{2.2}$$

式中　A_1——饱和信号的电平,V;

　　　A_2——最小基本单位电平,V。

表 2.1　不同位数 A/D 转换器的检波和未检波的 A 扫描信号的动态范围

位数	表现的数值	检波信号范围	未检波信号范围	未检波信号的动态范围/dB
8	2^8	0 ~ 255	−128 ~ 127	$20\lg(127/1)=42$
10	2^{10}	0 ~ 1 023	−512 ~ 511	$20\lg(511/1)=54$
12	2^{12}	0 ~ 4 095	−2 048 ~ 2 047	$20\lg(2\,047/1)=66$

通过 A/D 转换器对输入信号设定两个专门电平作为上下限,例如 0 ~ 1 V 或者 −0.5 ~ 0.5 V。任何超出上下限的模拟信号将导致饱和。同时被保存为 100% 或 −100% 全屏高度(FSH)。例如使用 8 位数字转换器,未检波信号的饱和值保存为 127 或者 −128 ,如图 2.13 所示。计算 8 位 A/D 转换器从全屏高度降到 1 基本单位电平的动态范围是

$$20\lg(127/1)\ \text{dB} = 42\ \text{dB}$$

噪声对动态范围的影响很大。如果噪声是 2% ,即噪声电平为饱和值的 2% ,127 × 2% =

2.54。这时计算动态范围的基本单位电平就应是噪声电平,8 位 A/D 转换器的有效动态范围就降到:

$$20\lg(127/2.54)\ dB = 34\ dB$$

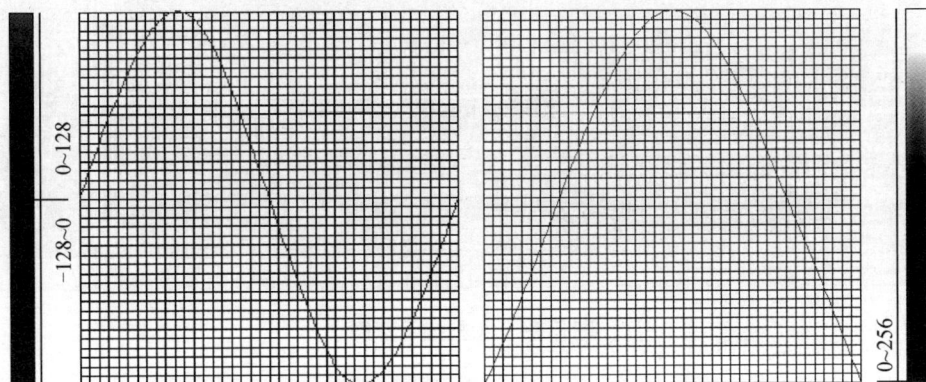

图 2.13　未检波信号和检波信号的 8 位 A/D 转换

2.2　检测过程的数据采集量

对大多数数字化超声系统来说,每个 A 扫描储存的样本是 4 096 或 8 192 个,这足以满足 TOFD 检测的要求。如果数字化频率是 F,数字化样本间隔是 S,则有

$$S = \frac{1}{F} \tag{2.3}$$

t 时间范围内的 A 扫描的样本数量是

$$样本数量 = t/S = t \times F \tag{2.4}$$

当实施 TOFD 检测时,采集到的数据量非常大,存储器容量有可能出现问题,因此需要估算数据量。以下例子说明了如何估算使用 8 位 A/D 转换器存储完整未修正的 A 扫描信息,系统所需要的库容。

在 TOFD 检测中,沿着焊缝每毫米采集一个 A 扫描信息,焊缝长度是 10 m,A 扫描长度为 10 μs。如果数字化频率是 50 MHz,则每个 A 扫描由 $20 \times 50 = 1\ 000$ 个样本来表示,需要 1 000 字节的存储空间。因此在整个焊缝长度上一对 TOFD 探头采集的数据量是 $1\ 000 \times 10\ 000 = 10\ 000\ 000$ 字节,需要的存储空间应大于 10 M。实际工作中,每个记录 A 扫描的文件存储空间都应大于计算值,每个文件还有一个包含检测参数信息的文件头。

2.3　灰度成像和 D 扫描图

2.3.1　灰度成像

显示屏所显示的 A 扫描信息是数字采样后的信息,它是由一组表示数字化样本的点标绘而成。屏幕纵坐标表示幅度(100% 至 −100% 全屏幕高度),而横坐标表示从发射脉冲开始,超声信号传输的时间。使用光标从显示的 A 扫描信息中可以进行幅度和时间测量,如图 2.14 所示。

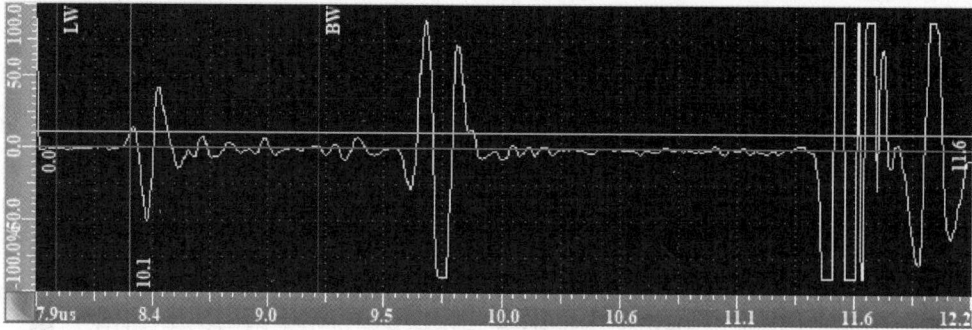

图 2.14　A 扫描示意图

连续不断的 A 扫描数据可以显示成 D 扫描或 B 扫描图像。D 扫描是沿着焊缝的扫查（非平行扫查）,B 扫描是垂直焊缝的扫查（平行扫查）,两种图像都是由一系列 A 扫描数据组成。使用 D 扫描或 B 扫描图像的优点是能够快而准地发现缺陷。有些 TOFD 检测的衍射信号非常弱,在一个独立的 A 扫描中不容易察觉,但是在连续 A 扫描组成的 D 扫描或 B 扫描图像中则很容易识别,因为眼睛观察图像似乎更有效率。

扫描图像包含上百个单独的 A 扫描,而监视屏像素是有限的,不可能标绘每一个 A 扫描曲线。替代每个独立的 A 扫描就是在屏幕（即时间刻度）上分派的一行像素,每一个像素表示一个独立的数字化样本,采用不同灰度等级表示信号幅度。

在灰度码中,振幅的范围从纯白色到纯黑色,其中纯白色表示 100% 满屏信号,经过在 0% 位置的中间灰色,到纯黑色表示 -100% 满屏,如图 2.15 所示。但是有些系统可能使用反向灰度表示,即从黑色到白色,选择哪一种表示方式对检测结果影响并不大。

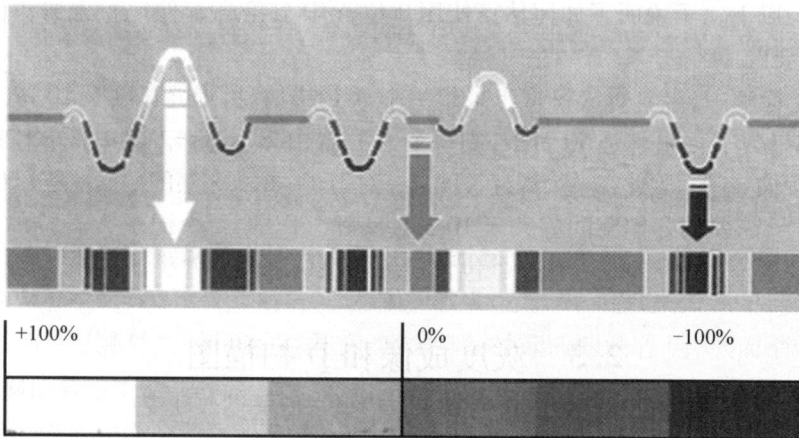

图 2.15　灰度代表幅值示意图

一个超声 A 扫描信号转换为由许多淡灰色和深灰色的色点交替组成的一行图像,色点的数量取决于每个周期采样点的数量,色点的灰度取决于采样点的信号幅度。连续 A 扫描信号转换为 D 扫描图像如图 2.16 所示。

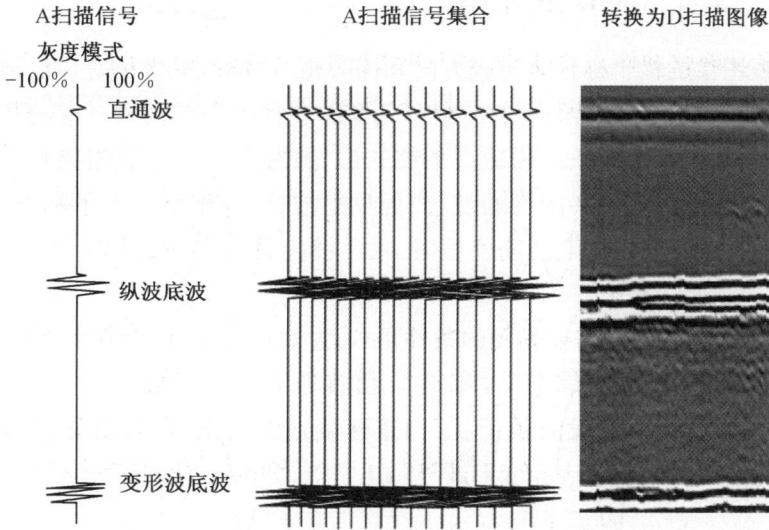

图 2.16　连续 A 扫描信号转换为 D 扫描图像

2.3.2　对比度增强

可以使用对比度增强来提高信号振幅,有很多不同的算法能进行这种处理。其中最简单的方法就是在一个小的振幅刻度范围内使用全灰度等级,使灰度级从全黑色变为全白色,从而实现对比度增强。例如在全屏高度范围的 −50% 到 50% 使用全灰度等级,振幅超出 50% 全屏高度的样本显示为纯白色,低于 −50% 全屏高度显示为纯黑色,这样可以使信号的微小变化也很容易察觉,如图 2.17 所示。

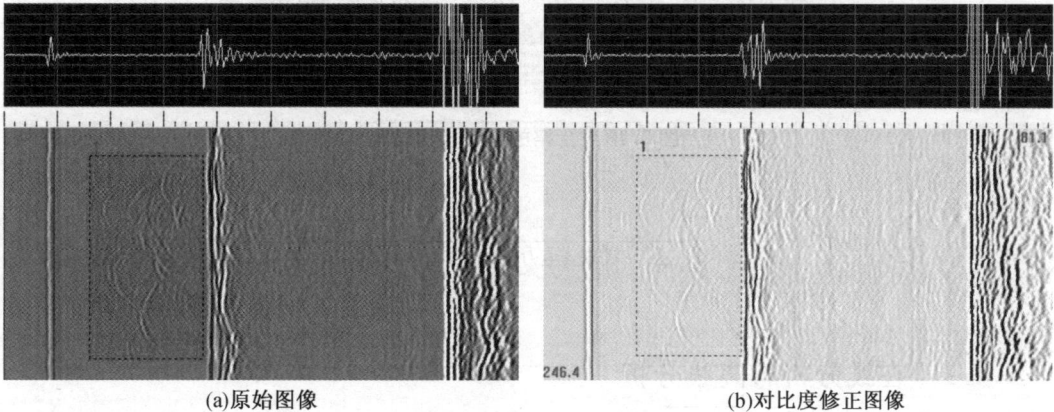

(a)原始图像　(b)对比度修正图像

图 2.17　对比度增强处理

使用图像增强功能虽然对小信号的观察和识别有利,但也会产生一些不利影响,在上例中,如果在全屏高度范围的 -50% 到 50% 使用全灰度等级,那么幅度超出 50% 的信号就会饱和而无法观察。

2.3.3　一幅合格的 D 扫描图像

TOFD 扫查图像的横坐标代表扫查方向和探头相对位置,纵坐标是声波传输时间,代表工件厚度方向和深度。A 扫描信号的波幅在成像的过程中会转换成对应的灰度,图像中信号显示由一些白色和黑色的条纹构成。条纹的白、黑次序与信号的相位有关,可根据信号相位的关系来判断扫查图像中的直通波、底面反射波,以及缺陷的上下端点信号。在测量信号的传输时间、深度值或缺陷的高度值时,通常测点选在条纹的白 - 黑交界或者黑 - 白交界处。

一幅合格的 TOFD 图像需要满足的条件是:通过观察该图,可以判断其增益设置比较适当,扫查过程很平稳,获取的信息比较完整。由直通波可以判断其 A 扫描波幅在 40% ~ 80%,增益选择恰当;直通波没有被干扰,扫查速度适当均衡,耦合良好;缺陷信号清晰明显;下表面反射波很直而且下表面变形波显示正常等,如图 2.18 所示。

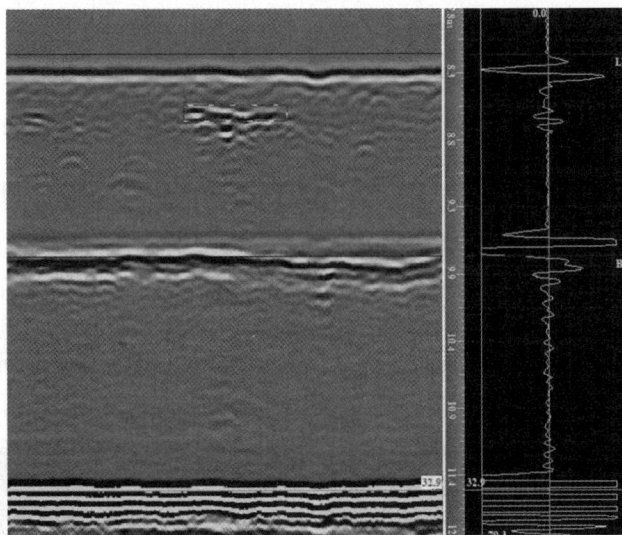

图 2.18　合格的 TOFD 图像

2.4　信号处理与分析

2.4.1　在线分析与离线分析

TOFD 检测系统具有在线分析和离线分析功能。在线分析是指在 TOFD 检测仪器上用随机软件对采集的信号进行分析处理,离线分析是指把检测采集的数据信号转移到计算机上,用专用软件进行分析处理。

在线分析的优点:不需要使用额外的设备和软件就能够直接对缺陷进行分析;在现场就能够对缺陷进行最快的诊断。在线分析的局限性:对缺陷进行测量分析时,采用仪器的键盘操控比较费力;仪器屏幕较小,分辨力较低,操作人员容易疲劳,同时会影响测量精度和判读结果;在线分析软件的可扩展性差,很难及时更新换代。

离线分析的优点:计算机屏幕大,分辨力高,数据测量精度高;计算机键盘大,结构为人所熟悉,操作轻松方便;计算机存储空间大,数据调用、存放、打包处理方便;计算机速度快,工作效率高;可利用的专门软件较多,分析处理功能强大,容易及时更新。离线分析的局限性:需要使用额外的设备;现场使用不够方便。

离线分析软件还有许多功能是在线分析不能实现的,例如:

(1)可进行软件的快速回放、查找。

(2)可在数据判读过程中进行处理操作,如进行标记、形成报告样本。

(3)可对原始图像的 B 扫描图像和 A 扫描波形进行放大,提高图形识别精度,观察 A 扫描相位。可将几幅扫查图,如对工件的正、反面扫查图,平行扫查和非平行扫查图,放在同一屏幕内进行对比分析。

(4)可将射线照相图像与 TOFD 图像放在同一屏幕内进行对比分析,互相验证。

(5)可以在网络上远程操作,对于有争议的信号图像可以进行专家远程诊断,可以进行更复杂的信号处理,如合成孔径聚焦处理等。

2.4.2　信号平均

从裂纹尖端得到的衍射信号比较弱,所以很容易受到电路中的噪声影响,导致缺陷信号难以辨别。噪声通常是由系统的随机电信号引起的,可以通过信号平均来减少噪声。

图 2.19 为信号平均原理示意图。图中绘出 4 个连续的 A 扫描信号,包括两个有用信号和多个有害的噪声信号。图中最下面的情况显示了信号平均后的效果。有用信号保留,幅值没有变化,而有害噪声信号幅值降低。

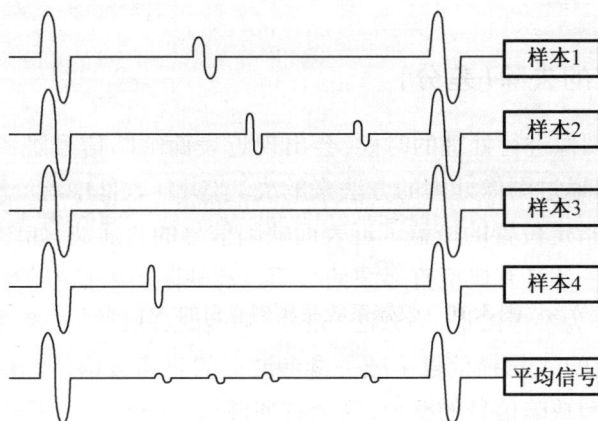

图 2.19　信号平均原理示意图

通过信号平均方法来提高信噪比取决于两个重要前提：一是参与平均的有用信号应该是一致的，要有较大的相关性；二是噪声部分是随机的，不具有相关性，当噪声是相关的而非随机的时候，信号平均没有太大帮助。

2.4.3 图像拉直

在 TOFD 检测实际操作中，经常会出现信号弯曲的现象，导致这个现象的原因可能是耦合层厚度不均匀、工件表面不平整等，很多情况下需要对图像进行拉直处理，以方便对缺陷信号的识别以及缺陷长度的测量等。

"拉直"是数字信号处理的一种简单方式，以直通波或者底面反射波作为参照，使弯曲的图像变直，看上去就像耦合层是稳定的一样，如图 2.20 所示。

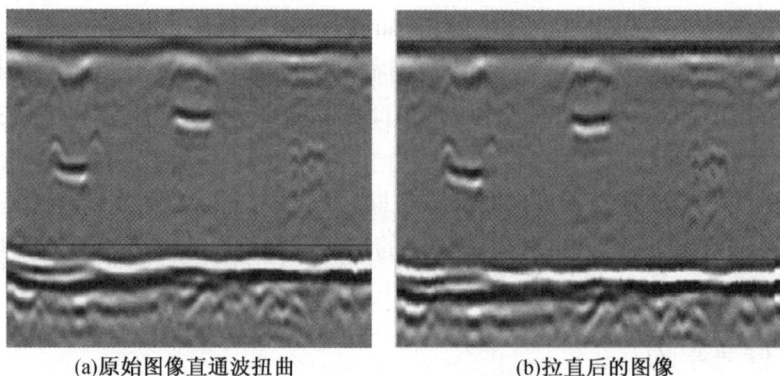

(a)原始图像直通波扭曲   (b)拉直后的图像

图 2.20　D 扫描图像的拉直处理

在这种方法中，从某一条 A 扫描信号上选取某一点(一般选在直通波的第一个或第二个半周期)，以其特定电压作为触发电平，并以该点作为时间基准点，将其与其他 A 扫描信号逐个对比，信号的波形相应部分会触发记录时间起点，对时间偏移进行修正，使其在图像中的位置保持恒定，使直通波拉直。

2.4.4　直通波的去除(差分)

在对 TOFD 扫查图像进行处理的时候，会出现近表面缺陷信号隐藏在直通波信号之下无法处理的情况，可以通过图像处理的方法来解决。TOFD 软件中有一种"去除直通波"(差分)的功能，可以去除指定位置的掩盖了近表面缺陷信号的直通波，如图 2.21 所示。

软件自动选取某一条具有典型直通波信号而没有缺陷衍射信号的 A 扫描信号(一般选取靠近缺陷前面的)作为参考波形，当激活"差分"功能时，软件将参考波形与指定的 A 扫描信号逐个对比，从指定的 A 扫描信号中减去参考波形的直通波信号。由于有缺陷部位的信号幅度是直通波信号和缺陷信号的叠加，除去直通波信号分量后，留下的就是缺陷信号，从而显示出缺陷图像。缺陷信号隐藏在底面反射波信号之下时也可以采用"差分"功能。

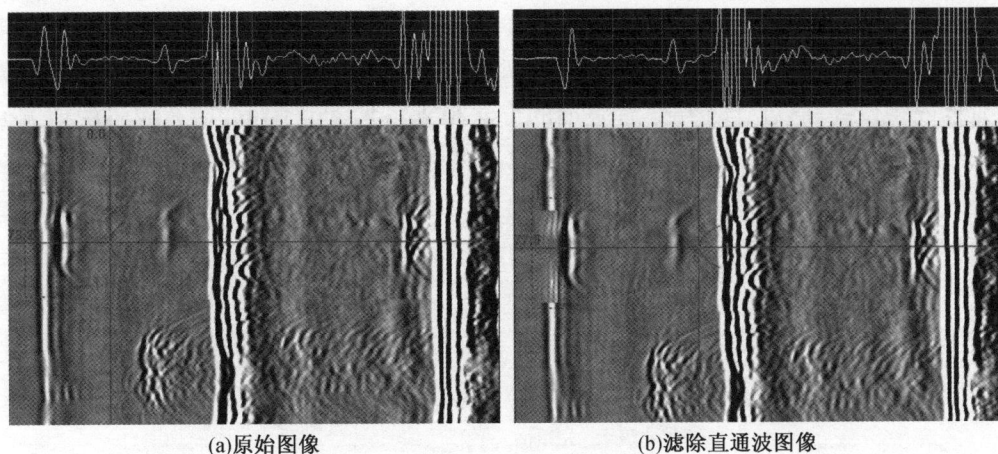

(a)原始图像　　　　　　　　　　　　　　(b)滤除直通波图像

图 2.21　去除直通波使缺陷显示出来

2.4.5　合成孔径聚焦

在常规超声检测技术中,提高测量精度的方法之一是声束聚焦,聚焦只能在近场内实现,对近场长度以内的缺陷才能用聚焦声束测量。对距离较远的缺陷,除非采用更大探头直径或更高频率以增大近场长度,否则不能实现聚焦,而实际上通过增大探头直径或频率所增大的焦距是有限的。对更远处缺陷,提高缺陷测量精度和改进横向分辨力可采取一种数据化处理技术——合成孔径聚焦技术(SAFT)来实现,该技术可同时提高信噪比。SAFT最早被应用于雷达技术,用以提高雷达图像的横向分辨力。该技术可以用低指向性的信号源和较低的工作频率来获得很高的方位分辨力,在超声相控阵领域中得到了广泛应用。

SAFT 的原理如下:将探头沿指定轨迹扫描,在等距的若干点上发射声束,并接收存储信号,然后对各点上探头接收到的信号进行处理,如图 2.22 所示。超声波声束具有扩散性,对于图中所示的反射点 Q,当探头在 $-N$ 到 $+N$ 之间时,能够采集到 Q 点重建信息的数据。同时超声探头具有指向性,当探头在 $+N$ 位置附近时,已不能得到 P 点的信号。

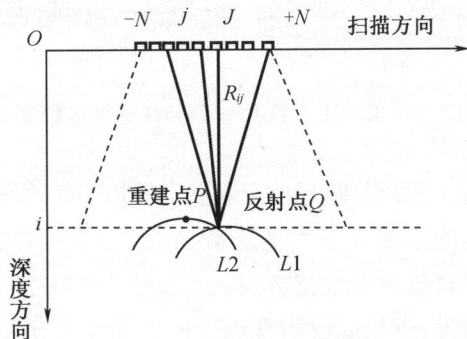

图 2.22　SAFT 的原理图

SAFT 的数据处理是利用检测时采集的信号在相应空间位置的相关叠加完成的。根据探头位置、重建点空间位置、信号传输时间的对应关系,计算出运动轨迹上各个接收位置的时间延迟或相位差,通过延时补偿后叠加的方法得到各像素点的值,在有缺陷的地方回波信号同相叠加,信号加强,在无缺陷的地方回波信号的叠加是随机和无序的,信号相对减弱。经过 SAFT 处理后能够有效地消除图像上扩散声束所形成的影像,从而使成像后的图形更清晰,还原缺陷真实反映,如图 2.23、图 2.24 所示。

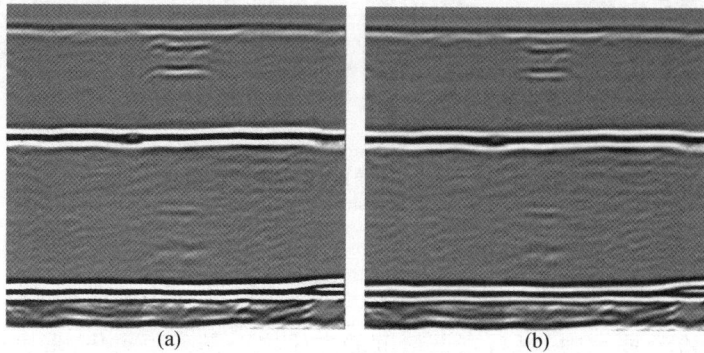

(a) (b)

图 2.23 SAFT 非平行扫查 TOFD 图像处理实例

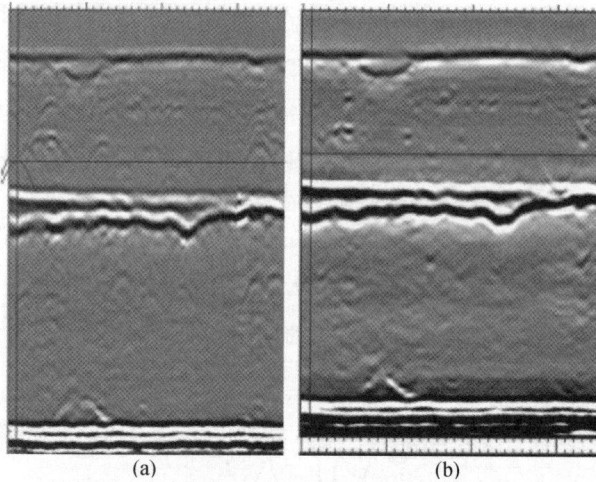

(a) (b)

图 2.24 SAFT 平行扫查 TOFD 图像处理实例

对常规超声检测技术来说,距离越远的反射体,声束越宽,横向分辨力越低。而在 SAFT 中,可以通过增加扫描距离抵消距离增大的影响,扫描距离越长,合成孔径长度就越长,合成阵的角分辨力就越高,横向分辨力也就越高。在 SAFT 扫描中一般采用小直径探头,探头直径越小,声束展开角就越大,所能形成的合成孔径长度也就越大,横向分辨力也就越高。

TOFD 技术比较适合采用合成孔径聚焦法,因为其声束扩散角大,而且 TOFD 检测过程中采集的时域和频域信息完全能够满足信号重建和处理要求。合成孔径聚焦法虽然可以提高分辨力和信噪比,但处理过程需要一定时间,因此一般在脱机状态下应用,通过专用软件完成。

2.5　用于缺陷定位和定量的曲线拟合指针

2.5.1　点状缺陷的特征弧线拟合

在 TOFD 扫查过程中,由于缺陷衍射信号的传输时间随着探头位置的变化而变化,无论是 B 扫描还是 D 扫描,无论是点状缺陷还是线性缺陷,缺陷的端点处都会显示一个 TOFD 技术特有的、向下弯曲的特征弧线,通过肉眼观察或用十字光标都无法判定信号的深度位置和缺陷尺寸。需要应用特殊的工具——抛物线指针,才能对 TOFD 检测的图像中的缺陷进行定位和定量测量。

缺陷图像与左右抛物线指针完全拟合,说明缺陷是一个点;缺陷图像与左右抛物线指针不能完全拟合,说明缺陷有一定长度,应按照线性缺陷测量方法拟合。

图 2.25 是一个典型的点状缺陷在 TOFD 扫查中的成像,通过调校后与抛物线指针可以很好地拟合起来。

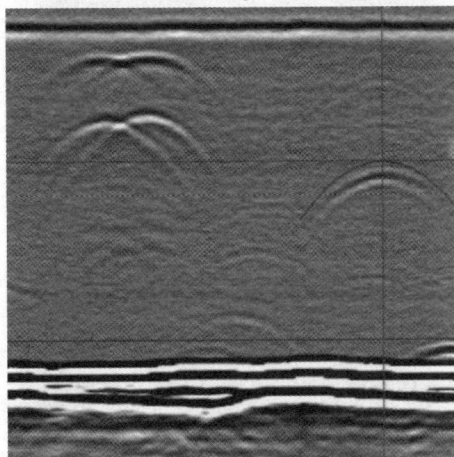

图 2.25　点状缺陷的特征弧线与抛物线指针拟合

2.5.2　线状缺陷的特征弧线拟合

线性缺陷中部各信号产生相互抵消性干涉,使线性缺陷中部的信号所给出的组合图像是直线,只在两端呈特征弧线。图 2.26 是一个与表面平行的缺陷在 D 扫描中合成图形的示意图。

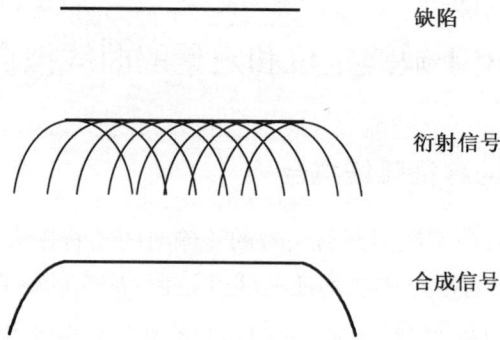

图 2.26　与表面平行的缺陷在 D 扫描中合成图形的示意图

图 2.27 是一个条形缺陷的信号图形,在 TOFD 检测的图像中,用抛物线光标拟合测量线性缺陷的方法是先用红色光标拟合缺陷左端点弧线,再用蓝色光标拟合右端点弧线,就可以测量出缺陷的长度尺寸。

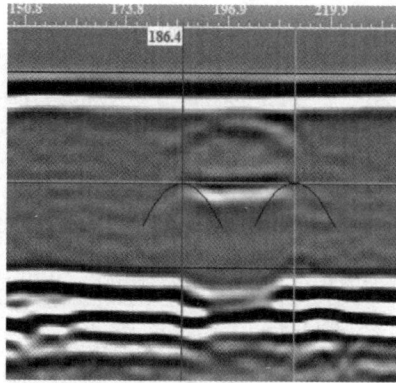

图 2.27　条形缺陷信号图像及拟合

综 合 训 练

一、选择题

1. 与数字信号相比,模拟信号有哪些局限性?(　　)

A. 精度低且容易失真

B. 抗干扰能力差

C. 远距离传输和大规模存储困难

D. 以上都是

2. 以下哪一条不是用数字化记录超声检测数据的优点?(　　)

A. 信号处理速度快

B. 便于实现海量数据的长期保存

C. 可进行各种信号处理操作

D. 精度高,抗干扰性强

3. 只要满足奈奎斯特极限的数字化频率,就可以保证模拟信号的(　　)。

　　A. 频率不失真　　　　　　　　　B. 波峰不失真

　　C. 波形不失真　　　　　　　　　D. 以上都对

4. 以下关于奈奎斯特极限的叙述,哪一条是错误的?(　　)

　　A. 奈奎斯特极限要求对模拟信号采样的频率必须大于信号频率两倍

　　B. 奈奎斯特极限可以保证波的每个半周期都有一个采样点

　　C. 奈奎斯特极限可以保证信号幅度不失真

　　D. 奈奎斯特极限可以保证信号频率不失真

5. 模拟信号数字化后,数字信号显示是不充分的,数字化的图像可能会损失一些原来信号的内容,这是由(　　)引起的。

　　A. 信号重复频率的设定　　　　　B. 信号放大器的频宽

　　C. 数字化时的采样频率　　　　　D. 探头频率

6. 以下关于采样频率的叙述,哪一条是正确的?(　　)

　　A. 采样频率越大,数字信号相对于模拟信号的失真就越小

　　B. 采样频率越大,计算机保存和处理的数据量就越大

　　C. 对 TOFD 技术来说,每个信号周期大致有 5 次采样就可以满足要求

　　D. 以上都是

7. 已知某 15 MHz 探头的频谱范围是 10 ~ 18 MHz,为保证信号的数字化质量,应选择的数字化频率是(　　)。

　　A. 15 MHz　　　　　　　　　　　B. 18 MHz

　　C. 36 MHz　　　　　　　　　　　D. 75 MHz

8. 滤波应在(　　)。

　　A. 信号放大前进行　　　　　　　B. 信号放大后进行

　　C. 模拟/数字转换后进行　　　　　D. 平均化处理后进行

9. 滤波的作用是(　　)。

　　A. 提高信号的波幅　　　　　　　B. 改善信噪比

　　C. 提高分辨力　　　　　　　　　D. 保证信号不失真

10. 如果一个 10 MHz 探头具有从 7 MHz 到 14 MHz 的频谱,则应选择(　　)。

　　A. 5 MHz 的高通滤波器和 20 MHz 的低通滤波器

　　B. 5 MHz 的低通滤波器和 20 MHz 的高通滤波器

　　C. 3 MHz 的高通滤波器和 15 MHz 的低通滤波器

　　D. 3 MHz 的低通滤波器和 15 MHz 的高通滤波器

11. 使用 10 位 A/D 转换器,如果输入信号最大值为 5 V,那么这个转换器应能区分出输入信号的最小电压为(　　)。

　　A. 19. 53 mV　　　　　　　　　　B. 9. 75 mV

C. 4.88 mV   D. 1.22 mV

12. 使用 12 位 A/D 转换器,检波数据数值的范围是(   )。

A. 0 到 255   B. 0 到 1 023

C. 0 到 4 095   D. 0 到 8 192

13. 在 TOFD 检测系统中,哪些时候必须采用前置放大器?(   )

A. 信号非常弱或探头距离记录系统非常远时

B. 频率非常高时

C. 工件厚度非常大时

D. 粗晶材料检测时

14. 通过信号平均来减少噪声,欲使信噪比增强 4 倍,则应使多少个连续 A 扫描叠加?
(   )

A. 4 个   B. 8 个

C. 12 个   D. 16 个

15. 在 TOFD 检测中,每次扫查的焊缝长度是 2 m,步进增量是 0.5 mm,A 扫描信号传输
时间 $t = 15$ μs,采样的数字化频率 $F = 20$ MHz,则每次扫查采集的样本数量大约为(   )。

A. 12 万个   B. 30 万个

C. 60 万个   D. 120 万个

16. 使用 2 对探头同时进行分区非平行扫查,系统参数设定:脉冲重复频率为 4 000 Hz,
平均次数 16 次,扫查增量 0.5 mm,则允许的最大扫查速度为(   )。

A. 62.5 mm/s   B. 125 mm/s

C. 250 mm/s   D. 31.25 mm/s

17. 使用 2 对探头进行非平行扫查,已知系统设定的脉冲重复频率是 1 024 Hz,并使用
了 4 次叠加来进行信号平均处理,如果扫查速度是 30 mm/s,则对于任一对 TOFD 探头,获
得一个 A 扫描信号的时间内探头移动距离为(   )。

A. 0.85 mm   B. 0.50 mm

C. 4.27 mm   D. 0.23 mm

18. 应用"拉直"对数字信号进行处理,可以(   )。

A. 减少水层厚度变化对图像的影响

B. 提高缺陷深度的测量精度

C. 提高缺陷长度的测量精度

D. 以上都对

19. "差分"功能的作用是(   )。

A. 提高信号幅度   B. 减少噪声

C. 减少盲区的影响   D. 以上都对

20. 使用抛物线指针与缺陷的特征弧线进行拟合,可以提高(   )。

A. 缺陷位置的测量准确性

B. 缺陷长度的测量准确性

C. 缺陷高度的测量准确性

D. A 和 B 都对

21. TOFD 技术测量缺陷长度的精度大约为(　　　)。

A. ±1 mm

B. ±3 mm

C. ±5 mm

D. ±7 mm

22. 以下哪一条不是 SAFT 的优点?(　　　)

A. 提高缺陷纵向分辨力

B. 提高缺陷横向分辨力

C. 提高信噪比

D. 提高缺陷尺寸测量精度

23. 以下哪一条是 TOFD 技术适合采用的有利因素?(　　　)

A. 采用纵波

B. 采用宽声束探头

C. 采用端点衍射信号

D. 采用时差计算

24. 以下哪种条件下,采用 SAFT 效果最佳?(　　　)

A. 采用小直径探头探测距离较远缺陷

B. 采用小直径探头探测距离较近缺陷

C. 采用大直径探头探测距离较远缺陷

D. 采用大直径探头探测距离较近缺陷

二、简答题

1. 数字化记录超声检测数据有哪些优点?

2. 什么叫采样,采样后的数字化样本至少包括哪些特征量?

3. 什么叫采样定理? 如何理解奈奎斯特极限与信号失真的关系?

4. 数字化频率是否越高越好? 工业检测应用的数字化频率是如何规定的?

5. 正弦波的频域信号有什么特点? 实际检测使用的超声脉冲频域信号与正弦波有何不同?

6. 什么是频谱? 什么是信号带宽? 怎样理解"采样频率必须大于脉冲信号 -6 dB 上限截止频率的两倍"?

7. 什么叫 -3 dB 截止频率? 什么叫 -6 dB 截止频率?

8. 什么叫带通滤波器? 检测时设置的滤波器带通宽度越大越好吗? TOFD 检测推荐滤波器带通宽度的最小范围是多少?

9. 数字化频率、数字化样本的间隔和 A 扫描的样本数量是什么关系? TOFD 检测采集到的数据量与哪些因素有关? 如何计算检测数据的存储空间?

10. 信号平均对哪些噪声有抑制作用,对哪些噪声没有作用? 信号平均次数与信噪比的数学关系是什么? 增加信号平均次数对哪些工艺参数有影响?

11. 什么叫"拉直"? 简述其基本原理。

12. 什么叫"直通波去除"? 简述其基本原理。

13. TOFD 检测图中缺陷的端点的特征弧线显示是如何形成的? 如何甩抛物线光标拟

合测量缺陷？

14.频率和晶片尺寸对合成孔径聚焦效果有怎样的影响？

三、计算题

1.已知输入信号最大值为 8 V,则 16 位 A/D 转换器能区分出输入信号的最小电压为多少？

2.对 16 位数字转换器来说,从 100% FSH(全屏高度)降到 1 单位水平的动态范围是多少？如果噪声电平为饱和值的 2%,则转换器的有效动态范围是多少？

3.要求 TOFD 仪器配用 45° 探头,能够探测厚度 400 mm 焊缝,已知纵波声速为 5 950 m/s,横波声速为 3 230 m/s,则一个 A 扫描持续时间(长度)至少为多少微秒？如采样频率为 50 MHz,沿着焊缝每毫米采集一个 A 扫描,一次扫查 10 m 长度的焊缝,则仪器设计时,每个文件至少需要保留多大的存储空间？

第3章 TOFD检测系统硬件基本知识

学习目标

1. 通过学习 TOFD 检测系统的组成,知道仪器主要性能指标,理解电子电路带宽、电压脉冲特性和脉冲重复频率。

2. 通过学习 TOFD 探头,结合 TOFD 探头的声学特性,了解不同频率分量在声束中的分布,掌握 TOFD 探头的声束扩散计算。

3. 通过学习 TOFD 检测试块,分析不同试块的使用性能要求,学会正确选择 TOFD 检测试块。

3.1 TOFD 检测系统

TOFD 检测系统包括超声设备主机(仪器)、软件、探头/楔块、扫查装置、试块及其他附件,如图 3.1 所示。

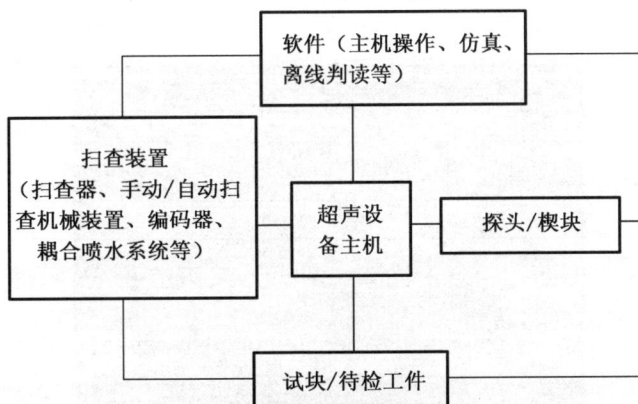

图3.1 TOFD 检测系统构成

扫查器、试块和探头都是 TOFD 检测仪器的功能延伸,试块用来对仪器、探头和扫查器进行参数设置、测定和校准;探头负责将仪器发射的电脉冲信号转换成超声脉冲信号后进入检测工件,并将接收到的超声信号转换为电信号传给检测仪器。

扫查器的功能是夹持探头使之保持在一定的位置,沿预定的轨迹进行扫查,同时将探头的位置信息传递给主机,如图 3.2 所示。安装在扫查架上的探头位置编码器通常采用光电脉冲编码器,通过转轴上的光栅对光信号的通断,产生电脉冲信号,脉冲计数能表示转动的角度,间接测量滚轮滚过距离,如图 3.3 所示。扫查器的位置编码器结构参数表示为每个脉冲代表多少毫米的距离。

 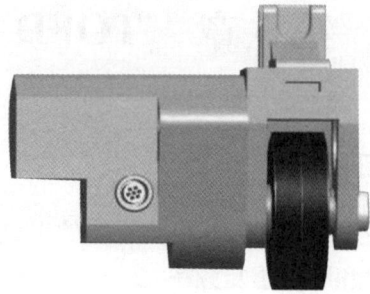

图 3.2 扫查器　　　　　　　　　　　图 3.3 编码器

3.1.1 TOFD 检测仪器

TOFD 检测仪器是一种由计算机控制的能够满足衍射时差法检测工艺过程特殊要求的数字化超声检测仪器,如图 3.4 所示,它主要用来实现以下功能:

(1)发射超声波和接收放大回波信号;

(2)采集和保存超声 A 扫描信号波形和相关数据;

(3)按照要求设置和校验检测参数;

(4)显示信号波形和扫描图像,分析处理数据,输出检测报告。

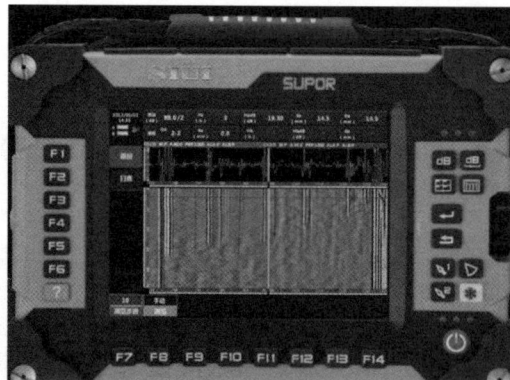

图 3.4 TOFD 检测仪器

采集 TOFD 数据的数字化系统如图 3.5 所示,可分为模拟和数字两大部分,主要包括脉冲发射电路、接收放大电路、A/D 转换电路、逻辑控制电路、接口电路、探头位置传感器电路等 6 个单元和计算机终端。

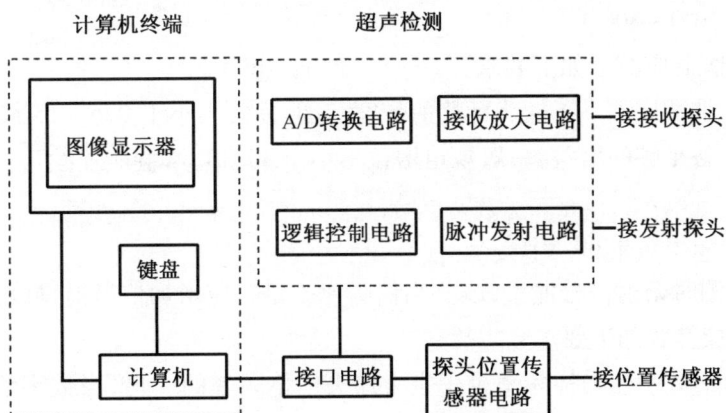

图 3.5　采集 TOFD 数据的数字化系统

模拟部分包括激励探头的脉冲发射电路和接收信号进行放大滤波处理的接收放大电路。多数仪器会有多条发射/接收通道,在计算机控制下按顺序进行多路传输。每对用于检测的 TOFD 探头都定义了单独的发射/接收通道,每个检测位置的信息都需要完整记录以便能够重建 A 扫描。为了减小电噪声,通常使用与超声探头频谱适配的滤波器来限制放大后信号的频带宽度。滤波将减小信号的幅度,但可以改善信噪比。对于非常弱的 TOFD 信号,需要大约 70 dB 的增益,这时滤波器对提高信噪比非常有用。

如果 TOFD 信号非常弱或者探头距离主放大器非常远,在尽可能地接近接收探头的位置上使用一个分立的前置放大器是非常有用的。通常使用前置放大器将信号增益 30 dB 或 40 dB。电池供电的前置放大器的优点是不与数据采集系统的外接电源相接,因此受到的电噪声的影响很小。

经过放大和滤波后的模拟信号通过 A/D 转换器转换为数字信号,存储在计算机存储器中。逻辑控制电路用于控制信号发射和接收的时序和信号数字化处理,并协调信号与探头的位置关系。逻辑控制电路和位置传感器通过接口电路与计算机连接,操作者利用计算机终端的键盘、显示器、存储器、附加打印机、光驱等,进行参数设置、信号存取、观测、分析和处理等各种操作。

3.1.2　仪器主要性能指标

1. 超声仪器

(1)脉冲发生器应符合如下要求:

①发射脉冲可以是单极或双极的矩形脉冲,仪器每个通道的发射脉冲上升时间(即脉冲前沿幅度从脉冲峰值的 10% 到 90% 的上升时间)应小于 25 ns。

②仪器的脉冲宽度应可调,以得到优化的脉冲幅值和脉冲持续时间。一般规定在 50 ~ 500 ns,脉冲宽度调节的步进量不得大于 10 ns。

③仪器的脉冲重复频率应可调,最大值不得小于 500 Hz。

④发射脉冲应具有足够的电压,确保检测系统具有足够的灵敏度及信噪比。一般规定

脉冲电压幅度为 100 ~ 400 V。

(2)信号接收器应符合如下要求:

①接收器的带宽应不小于探头标称的带宽范围,通常不小于 0.6 ~ 15 MHz。

②系统应具备足够的增益,一般规定增益不小于 80 dB,增益应连续可调且步进值不大于 1 dB。

③数字采样频率至少 60 MHz。

④TOFD 检测时衍射信号能量较弱,当信噪比不足时应增加信号前置放大器。

(3)数字化应符合如下要求:

①射频信号的数字化采样频率至少应为探头标称频率的 4 倍,当数字信号需要进行后处理时,数字化采样频率至少应为探头标称频率的 8 倍。

②采样位数应不小于 8 位。

③图像灰度等级至少应具有 256 级编码显示。

④仪器应能够选择合适的 A 扫描时间窗口,以检测到需要的信号;闸门起点相对发射脉冲至少应在 0 ~ 200 μs 可调节,窗口宽度至少在 5 ~ 100 μs 可调节。

⑤仪器应具有信号平均功能,最大平均次数不少于 8 次。

⑥仪器应具有基于位置编码的数据采集功能。

2. 探头

(1)一般使用宽声束纵波斜探头进行检测。

(2)探头标称中心频率与实测值误差值应小于 10%。

(3)探头的 −6 dB 频带相对宽度应不小于 80%。

(4)直通波的 −20 dB 脉冲宽度应不大于 2 个周期。

3. 软件

(1)应具有深度坐标的线性化计算或深度校准功能。

(2)应具有将采集到的所有原始数据以不可更改的方式进行拷贝的功能。

(3)应具有对数据进行软件处理(如直通波同步、直通波去除、SAFT 等),且不更改原始检测数据的功能。

3.1.3 电子电路带宽

电子电路带宽指的是电子电路中存在一个固有通频带。大多数复杂的电子电路都包含电感、电容或相当功能的储能元件,即使有些电路没有电感电容元件,导线自身就是一个电感,而导线与导线之间、导线与地之间便可以组成电容——这就是通常所说的杂散电容或分布电容;不管是哪种类型的电容、电感,都会对信号起着阻滞作用,从而消耗信号能量,严重时会影响信号品质。这种效应与信号的频率成正比关系,当频率高到一定程度,令信号难以保持稳定时,整个电子电路自然就无法正常工作。为此,电子学上就提出了"带宽"的概念,它指的是电路可以保持稳定工作的频率范围。

带宽一般以 −3 dB(或者 −6 dB)定量测量。 −3 dB 带宽是指:在输入信号和输出信号处于稳定的条件下,调节输入信号频率,使输出幅度降到初始的 70%(−6 dB 带宽指输出幅度降到初始值的 50%），此时输入信号频率的上限称为高端截止频率，输入信号频率的下限称为低端截止频率，高端截止频率减去低端截止频率就是 -3 dB 带宽。在实际计算中可以忽略低端截止频率，因为低端的频率一般都比较低，计算的时候可以忽略不计。

3.1.4　电压脉冲特性

超声脉冲是电压脉冲施加在探头上使其振动产生的，应用尖波脉冲也可以产生超声波，但矩形脉冲应用在 TOFD 系统中可以表现出更好的可控性和调谐性，现有的 TOFD 系统施加在探头上的电压脉冲都是单极性或者双极性的矩形脉冲。

单极性矩形脉冲由一个正向阶跃脉冲和一个在一定延时后的负向阶跃脉冲的叠加构成；双极性矩形脉冲由两个反相的矩形脉冲叠加构成，如图 3.6 所示。正向阶跃脉冲（矩形波上升沿）或负向阶跃脉冲（矩形波下降沿）都能激发探头振动产生脉冲。一个单极性矩形脉冲可以让探头晶片产生两次振动，而一个双极性矩形脉冲可以激发探头晶片产生三次振动。

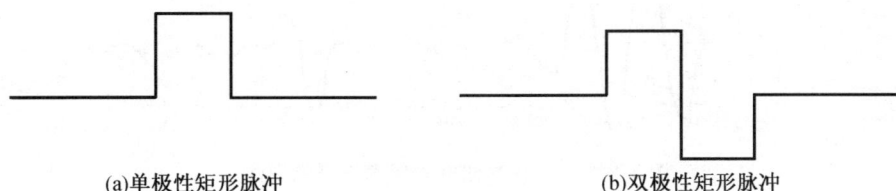

(a)单极性矩形脉冲　　　　　　　(b)双极性矩形脉冲

图 3.6　单极性和双极性矩形脉冲

TOFD 系统使用的矩形电压脉冲主要特性数据包括：脉冲宽度、脉冲上升时间和脉冲高度。

1. 脉冲宽度

TOFD 系统使用的矩形脉冲宽度是可以调节的，通常在 50 ～ 500 ns。

脉冲宽度的选择非常重要，它有助于检测系统优化超声脉冲信号的形状。矩形脉冲的第一个边使探头的晶体元件产生振动，第二个边同样也可以使该晶体元件再次产生振动，但是产生的超声脉冲相位刚好与第一个振动的相位有 180° 的反相，这两个反相的超声脉冲通常会重叠并相互干涉，如图 3.7 所示。

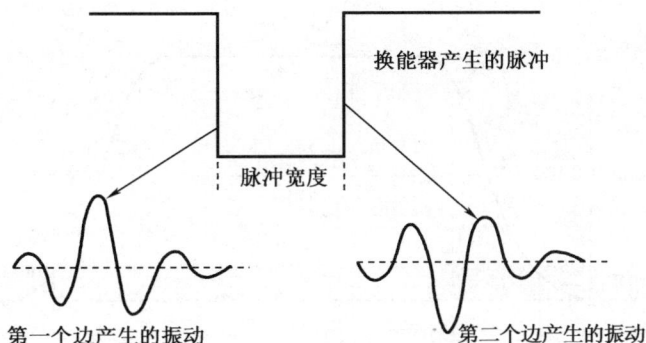

换能器产生的脉冲

脉冲宽度

第一个边产生的振动　　　　　　　第二个边产生的振动

图 3.7　电脉冲触发超声脉冲

改变脉冲宽度可以使周期中不同的部分加强或者减弱,如果想使产生的两个脉冲组成一个单一频率的更强的脉冲信号,则应该将脉冲宽度设置成该频率周期的一半(比如5 MHz时使用100 ns),通过叠加信号,获得一个振幅更大的脉冲信号,但是余波也会随之变长。

如果脉冲宽度设置为超声波发射频率的一个周期(比如5 MHz设置为200 ns),那么一个周期后,两个信号刚好反相,叠加后可获得一个振幅很小的信号,余波的振动也会明显减小,低周期数振动的脉冲称为短脉冲,对TOFD技术是有意义的,为了分辨小缺陷的上端点和下端点衍射信号,希望发出的超声信号是短脉冲,如图3.8所示。

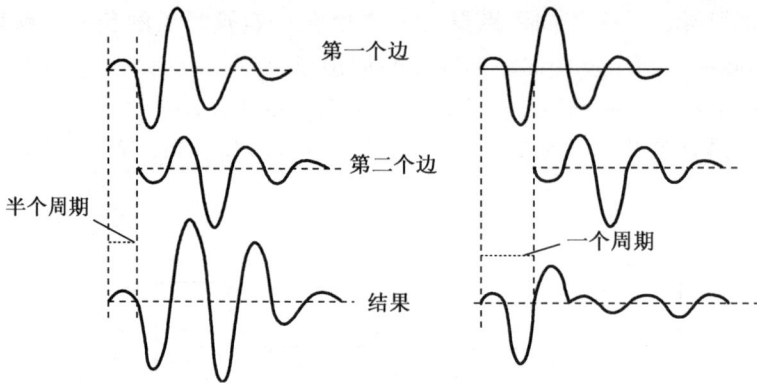

图3.8　不同脉冲宽度对超声波形的影响

实际应用中,探头包含的频率是有一定范围的,最优的脉冲宽度应通过试验来获得。试验方法:将底面反射波信号波高设置为大约满屏高度的60%,从该探头中心的一个周期开始校准脉冲宽度。有时因为探头频率范围较大,激励脉冲的宽度对波形的影响并不大。

2. 脉冲上升时间

对于理想波形来说,其电压的上升和下降时间均为0。理想的阶跃脉冲是不可能实现的,实际脉冲发生器所产生的矩形波电压并不能立即上升和下降,阶跃脉冲的电压由一个电平变化到另一个电平必定要占一定的时间,使得电压上升有一定的坡度,如图3.9所示。

上升时间:从脉冲幅值的10%上升到90%所经历的时间,如图3.9中的t_1。

下降时间:从脉冲幅值的90%下降到10%所经历的时间,如图3.9中的t_2。

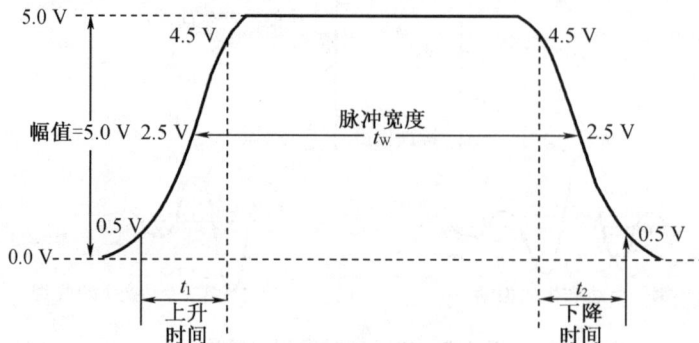

图3.9　矩形脉冲的非理想波形

脉冲上升和下降的时间会影响到超声脉冲波形和 TOFD 检测精度以及分辨力,要求时间尽可能短,时间越短阶跃脉冲的高频谐波成分越多,带宽越大,脉冲越窄。TOFD 检测系统所采用的矩形脉冲,上升时间应小于等于 50 ns。

3. 脉冲高度

脉冲高度就是矩形脉冲的电压振幅,电压越高,激励的超声脉冲能量就越大。TOFD 扫查系统所使用的脉冲电压取决于探头的频率和晶片元件的类型。TOFD 检测有时需要使用高频探头,高频探头的材料很薄,容易损坏,为避免损坏压电晶片,需要控制发射脉冲的电压不能太高,同时又要兼顾检测的灵敏度。TOFD 检测系统使用的脉冲电压一般从 100 V 至 400 V。

3.1.5　脉冲重复频率

每秒产生的用于激发探头晶片的触发脉冲数目,称为脉冲重复频率,以 PRF 表示。两个相邻脉冲之间的时间间隔,称为脉冲重复周期,用 T 表示,它等于脉冲重复频率的倒数。在 TOFD 仪器中,脉冲重复频率一般设计在几百赫兹到上千赫兹,可由仪器的使用者来选择设置。触发探头发射的脉冲重复频率和数字化采样频率不是一回事,前者控制一定时间触发发射探头一次,后者是在 A 扫描信号上一个给定长度内采集样本的数量。

在 TOFD 数据采集系统中,仪器的脉冲重复频率(PRF_0)、触发探头发射的脉冲重复数(PRF)和系统存储的信号数,三者可能并不相同。如果采用多通道检测,使用 TOFD 探头对数为 M,则 $PRF = PRF_0/M$。

如果使用信号平均处理方法,则系统存储的信号数(即每秒采集的平均后的 A 扫描数量)是触发探头发射的脉冲重复频率再除以平均处理的叠加次数。假如信号平均时,使用了 N 次叠加来获得平均波形,则对于其中一对 TOFD 探头,获取的信号数是 PRF_0/MN,获取一个有效信号的脉冲重复周期 $T = MN/PRF_0$。

如果是单通道检测,且不应用信号平均处理功能,触发探头发射的脉冲重复频率与探头移动速度的匹配通常不是问题。较低的触发探头发射的脉冲重复频率,例如 100~200 Hz,就足以保证 TOFD 探头以正常速度移动采集到正常数据。

如果是多通道检测,且同时应用信号平均处理,就需要注意触发探头发射的脉冲重复频率与探头移动速度的匹配。在信号平均的波形采集期间,TOFD 技术只允许探头做很小的移动。假如在 4 个通道检测,平均数设置为 16 的情况下,即使仪器的脉冲重复频率设置为 2 000 Hz,实际每个通道的触发探头发射的脉冲重复频率只有 2 000/4 = 500,信号平均处理需要 16 个脉冲才能获取一个有效数据。这样一来,得到一个有效数据的脉冲重复周期 $T = 4 \times 16/2\ 000 = 0.032$ s,即每 0.032 s 才能完成一个平均波形数据的采集。如果探头移动速率是 50 mm/s,则这个时间内探头移动距离为 (50×0.032) mm = 1.6 mm,这个移动距离显然过大,因而触发探头发射的脉冲重复频率与探头移动速度是不匹配的。为了保证在所设定的扫查速率下每个采样间隔都有足够的数据量供采集,如果选择的探头扫查速率较快,则仪器的脉冲重复频率设置就要尽可能高一些。

对于数据采集系统而言,正确设置仪器的脉冲重复频率是很重要的。如果使用手动采集数据,有必要注意仪器的脉冲重复频率的设置应与探头移动速度相匹配。通常沿着扫查方向每隔大约 1 mm 需要采集一个 A 扫描数据,由于手动扫查时计算机不能判断和控制探头移动,只能由操作者正确选择仪器的脉冲重复频率来保证能正常采集 A 扫描数据。如果附带编码器的扫查器是电机驱动的自动控制系统,则仪器的脉冲重复频率相对不重要。因为计算机可以计算出探头的位置,在规定的 A 扫描采样间隔采集数据。在使用信号平均功能时,仪器会根据探头位置的移动情况自动设置一个与信号有关的量,使信号平均处理不受影响。

除了仪器的脉冲重复频率、通道数、平均次数 3 个因素外,超声信号在工件中的传播时间很长或设定的 A 扫描信号很长,采用频率设置过高,步进增量设置过小,都会造成数据处理量过大,采集数据的时间不够,数据采集处理与扫查速率不匹配。

如果数据采集处理与扫查速率不匹配,仪器系统就会采集到空白的 A 扫描图像,如图 3.10 所示,避免出现空白 A 扫描图像的措施有:

(1)减小扫查速率;

(2)增加触发探头发射的脉冲重复频率;

(3)减少平均数数量;

(4)减少需要进行数字化采样的 A 扫描长度;

(5)加大步进增量;

(6)减少数字化采样频率。

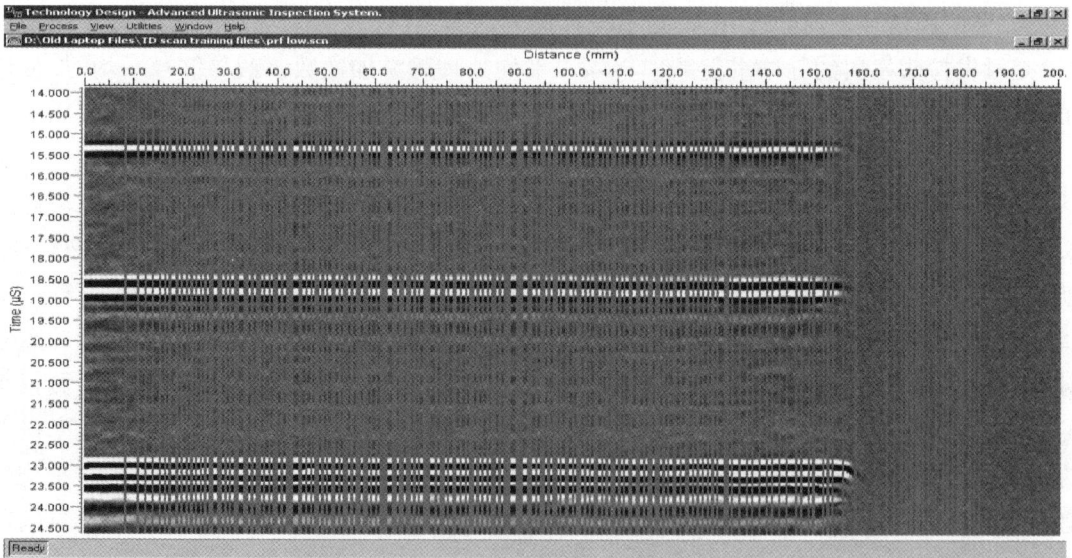

图 3.10　仪器系统采集到空白的 A 扫描

3.2　TOFD 探头

与常规脉冲反射法使用的超声探头不同,为了提高检测速度且有利于衍射发生,TOFD 技术往往采用小尺寸晶片的大扩散角探头。由于衍射信号与反射信号相比方向性弱得多,要求 TOFD 探头具有良好的发射和接收性能。为了提高深度方向的分辨力,TOFD 探头应具有宽频带和窄脉冲特性,并需要选择合适的脉冲来激励探头。

图 3.11 所示是 TOFD 技术使用的典型超声探头结构示意图,一个压电传感器安装在有机玻璃或相似材料的楔块上组成探头。压电传感器大多采用复合材料。楔块设计保证在金属中产生一定角度的纵波,典型的角度是 45°、60° 和 70°。探头设计有螺纹结构以便与不同的楔块连接。为了使超声波能够在探头和楔块中进行传播,需要在二者间添加耦合剂。TOFD 探头一般使用的频率范围是 1~15 MHz,芯片尺寸范围是 3~20 mm,通过楔块在钢铁中形成 45°~70° 的不同角度的折射纵波。楔块和探头实物图如图 3.12 所示。

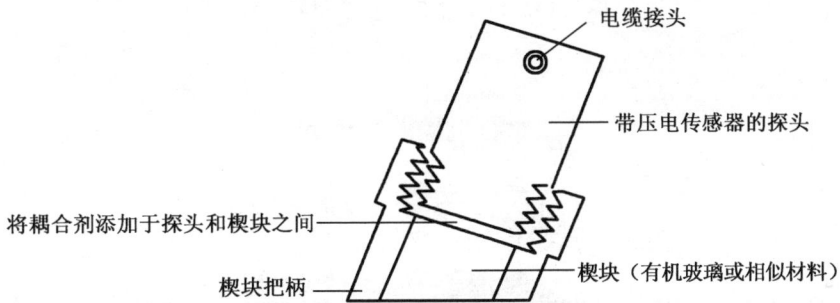

图 3.11　典型超声探头结构示意图

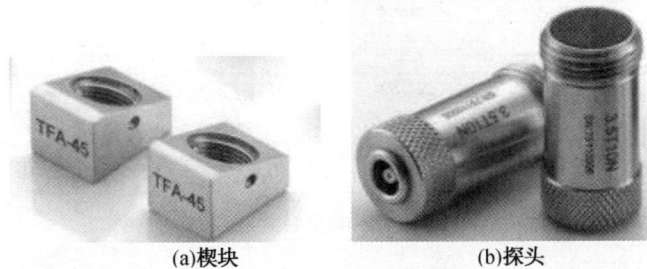

(a)楔块　　　　　　(b)探头

图 3.12　楔块和探头实物图

3.2.1　压电复合材料

压电复合材料是由压电陶瓷与高分子聚合物复合而成的,所用的高分子聚合物有好几种,例如硅胶、环氧树脂、聚偏二氟乙烯等。

压电复合材料有多种结构,图 3.13 所示为 1-3 型压电复合材料结构,它由一系列定向均布的压电棒(陶瓷棒)插在环氧树脂中构成,插在环氧树脂中的压电棒具有一维连通性,而聚合物(环氧树脂)则具有三维连通性。图3.14所示为应用切割填充法制造压电复合材料的过程,先将单体陶瓷切割成骰子块状,再注入聚合树脂,然后切片、镀银、冲压、极化。该结构可用于相控阵探头、TOFD探头和高性能常规脉冲探头。

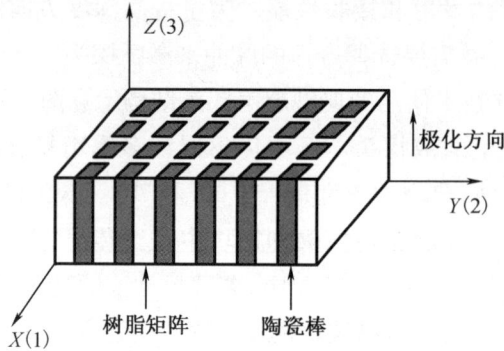

图3.13　1-3型压电复合材料结构

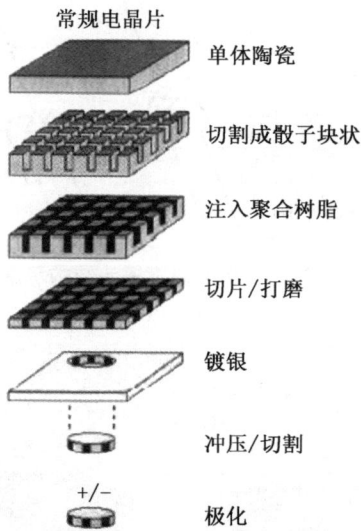

图3.14　压电复合材料制造

1. 压电复合材料的优点

用压电复合材料制作的探头有以下优点:

①发射和接收性能好,灵敏度高;

②机械品质因数 Q 值低,带宽大,脉冲短,分辨力高;

③机电耦合系数值大,声能/电能的转换效率高;

④在较大温度范围内特性稳定;

⑤可加工形状复杂的探头,仅需简易的切块和充填技术;

⑥声阻抗可以改变,以实现与不同声阻抗的材料匹配;

⑦横向振动很弱,串扰声压小;

⑧带宽大(80% ~100%)。

2. 压电复合材料的几项特性参数

(1)压电应变常数与压电电压常数乘积 $d_{33}g_{33}$。

压电应变常数 d_{33} 是表征压电材料发射灵敏度的参数,压电电压常数 g_{33} 是表征压电材料接收灵敏度的参数,两个常数的乘积 $d_{33}g_{33}$ 数值越大,表示发射接收能量越高。表 3.1 是几种压电复合材料与普通压电材料的 $d_{33}g_{33}$ 值的比较,由表中数据可知,压电复合材料的超声发射接收比普通压电材料好得多。

表 3.1　几种压电复合材料与普通压电材料的 $d_{33}g_{33}$ 值的比较

压电材料种类		$d_{33}g_{33}/[10^{-15}(N \cdot m^{-1})]$
1 – 3 型 PZT 与树脂矩阵组合	PZT + 硅胶	190 400
	PZT + Spurs 环氧	46 950
	PZT 棒 + REN 环氧	23 500
普通压电材料	钛酸钡(BaTiO₃)	2 394
	PZT – 5A	10 600
	PZT – 4	7 542

注:PZT 为锆钛酸铅压电陶瓷。

(2)机械品质因数 Q。

机械品质因数 Q 值小,表征带宽大,脉冲窄,检测纵向分辨力好。表 3.2 是几种压电复合材料与普通压电材料的 Q 值和 Z 值的比较,由表中数据可知,压电复合材料的 Q 值远远小于普通压电材料的 Q 值。

表 3.2　几种压电复合材料与普通压电材料的 Q 值和 Z 值的比较

压电材料种类		机械品质因数 Q 值	声阻抗 $Z/[kg \cdot (m^2 \cdot s)^{-1}]$
普通压电材料	PZT – 4	500	30
	PZT – 5A	80	29
压电复合材料	PZT 陶瓷体积率 10%	7.2	4
	PZT 陶瓷体积率 20%	10.2	7
	PZT 陶瓷体积率 30%	15	11
	PZT 陶瓷体积率 60%	—	20
	PZT 陶瓷体积率 80%	—	27

注:其他材料声阻抗为水 1.48 kg · (m² · s)⁻¹;甘油 2.42 kg · (m² · s)⁻¹;有机玻璃 3.51 kg · (m² · s)⁻¹;聚苯乙烯 2.47 kg · (m² · s)⁻¹;钢 45.41 kg · (m² · s)⁻¹。

（3）声阻抗 Z。

声阻抗 Z 影响超声波在传声界面上的透射，晶片与相邻介质的声阻抗越接近，透声效果越好。压电复合材料的声阻抗 Z 可通过改变 PZT 与树脂的体积比例来进行调节，从而可根据不同条件选择声阻抗来改善透声效果。不同 PZT 体积率的声阻抗 Z 值见表 3.2 和图 3.15。

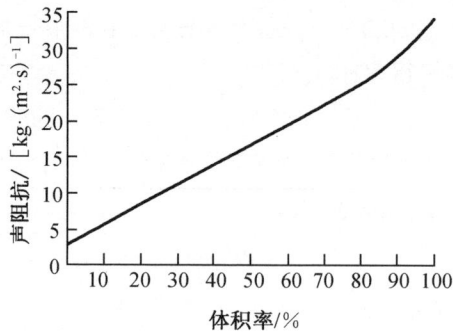

图 3.15　声阻抗与 PZT 的体积率关系图

（4）厚度方向的机电耦合系数 K_t。

厚度方向的机电耦合系数 K_t 值越大，电声转换效率越高，检测灵敏度越高。普通 PZT 晶片材料的 K_t 值为 $0.48 \sim 0.51$，而压电复合材料的 K_t 值为 $0.62 \sim 0.67$，如图 3.16 所示。

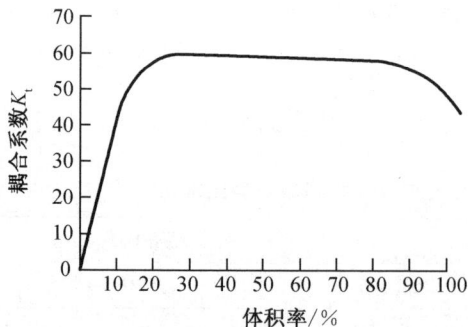

图 3.16　机电耦合系数 K_t 与 PZT 的体积率的关系

3.2.2　TOFD 探头的声学特性

1. 脉冲回波信号的时域特性参数

某一超声探头的脉冲回波射频（RF）信号的时域响应曲线如图 3.17 所示，从图中可以得到以下特性参数：

（1）正负幅度峰峰值（V_{pp}）：射频信号最大正周期与最大负周期之间的幅度偏差。

（2）脉冲持续时间（脉冲宽度）或波形长度（$\Delta\tau_{-20\,dB}$）：正负峰值幅度 -20 dB 截止点的波形持续时间。

（3）波峰个数（P_N）：射频信号在正负 -20 dB 截止点之间的波峰个数。

（4）周期数（C_N）：波峰数之半或波长数。

（5）阻尼因子（k_A）：最大波幅与相邻最大正波幅之比。

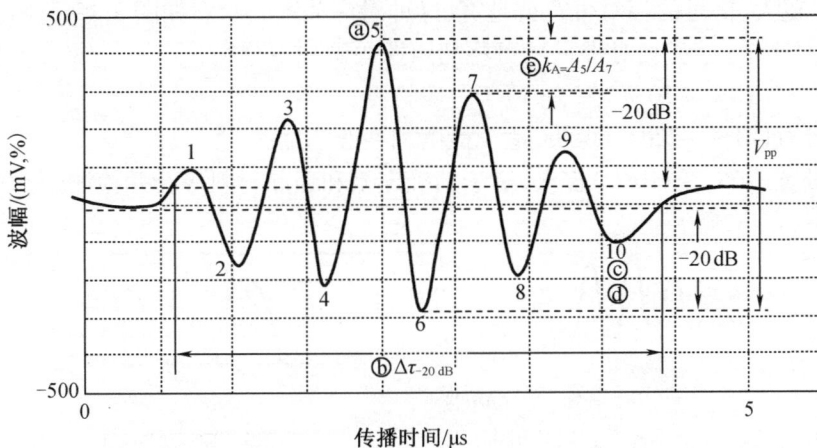

图 3.17　射频信号的时域响应曲线

注：ⓐ$V_{pp}=700$ mV；ⓑ$\Delta\tau_{-20\,dB}=3.25$ μs；ⓒ波峰数 $P_N=10$；ⓓ周期数 $C_N=5$；ⓔ阻尼因子 $k_A=1.4$。

2. 脉冲回波信号的频域特性参数

射频信号通过快速傅里叶变换（FFT）转换成的频域响应曲线如图 3.18 所示。从图中可以得到以下特性参数：

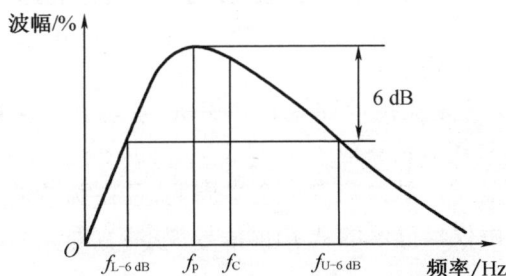

图 3.18　射频信号的频域响应曲线

（1）峰值频率（f_p）：快速傅里叶变换（FFT）中波幅对应的最大频率值。

（2）低端频率（$f_{L-6\,dB}$）：由峰值频率左侧（低端）-6 dB 降落水平线界定的频率值。

（3）高端频率（$f_{U-6\,dB}$）：由峰值频率右侧（高端）-6 dB 降落水平线界定的频率值。

（4）中心频率（f_C）：由低端频率和高端频率的几何平均值界定的频率值。

$$f_C=\frac{f_{L-6\,dB}+f_{U-6\,dB}}{2}$$

(5)相对频带宽度(BW)为

$$BW = \frac{f_{U-6\,dB} - f_{L-6\,dB}}{f_C} 100\%$$

3. 超声脉冲信号的带宽

对比超声脉冲回波信号的时域特性和频域特性,可发现存在以下关系:

正负幅度峰峰值 V_{pp} 越大且脉冲持续时间 $\Delta\tau_{-20\,dB}$ 越短,波峰个数 P_N 或周期数 C_N 越少,阻尼因子 k_A 越大,信号的相对带宽就越宽,这种对应关系的示意如图3.19所示。

根据相对频带宽度(相对带宽),可将超声探头做如下分类:

(1)窄带宽(15%~30%)探头,适于一般检测;

(2)中带宽(31%~75%)探头,适于检测和一般定量;

(3)宽带宽(76%~110%)探头,适于精确定量和粗晶材料等特殊检测。

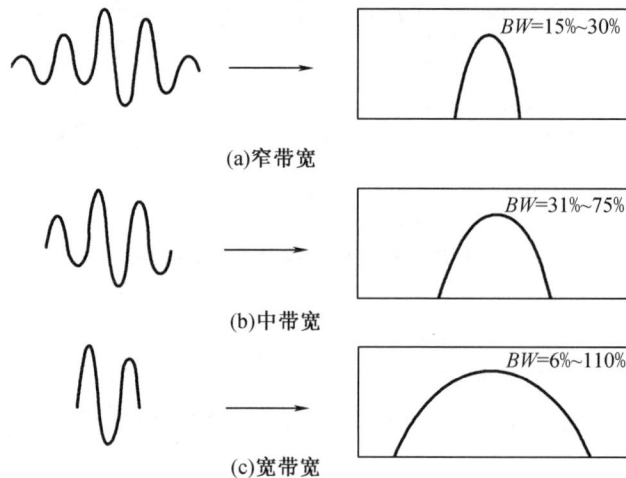

(a)窄带宽 $BW=15\%\sim30\%$

(b)中带宽 $BW=31\%\sim75\%$

(c)宽带宽 $BW=6\%\sim110\%$

图3.19 根据相对频带宽度对超声探头进行分类

4. TOFD探头的声学特性要求

TOFD检测所用的探头应是宽频带和短脉冲探头,要求其声学特性指标中的 V_{pp} 高,且 $\Delta\tau_{-20\,dB}$ 小,C_N 少,k_A 大,探头相对带宽应大于75%。

好的短脉冲探头发出的超声脉冲只有一个半周期,且在脉冲的头尾端的半周期不大于主半周期波高的 $-6\,dB$。由仪器显示的A扫描信号观察,直通波的脉冲长度以波幅10%测量应不超过两个周期。

超声脉冲持续时间对纵向分辨力有直接影响。纵向分辨力是超声波分辨沿声束轴线相邻两缺陷(小声程差 Δz)的能力,一般规定是指两信号的峰值和峰谷的波幅差大于6 dB的相邻两反射体的距离。在TOFD检测中,要求超声脉冲持续时间尽可能短,带宽尽可能宽的目的是获得高的纵向分辨力,以提高小裂纹的高度测量的分辨力和测量精度。

普通压电陶瓷晶片是靠晶片背部的吸收块的强制阻尼来减小超声脉冲持续时间和提高带宽的,代价是损失了灵敏度。而压电复合材料本身具有高阻尼特性,因此一般不需要采用背阻尼(图3.20),这样TOFD探头既有很高的灵敏度,又有足够带宽。

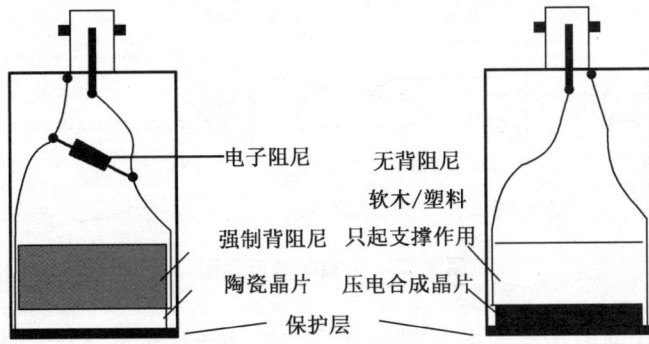

图 3.20　压电复合材料和普通压电陶瓷晶片探头结构差异

3.2.3　TOFD 探头的声束扩散计算

采用常规脉冲反射法进行超声检测时,一般希望探头的声束扩散角 θ_0 小一些,这样的声束指向性好,超声波的能量更集中,有利于提高横向分辨力和检测灵敏度。但在 TOFD 检测中,由于缺陷信号的识别和测量不是基于波幅,而是基于信号传输时间,因此不需要探头具有小的声束扩散角,而且恰恰相反,为提高检测效率,使声束能覆盖更大的金属体积,TOFD 检测往往选择尽量大的声束扩散角,尤其初始扫查阶段更是如此。

在制订 TOFD 工艺时,经常需要通过计算来确定声束边界角和声束覆盖范围。计算声束覆盖范围有两个主要公式:

折射角公式:

$$\sin \gamma_1 / c_1 = \sin \gamma_2 / c_2$$

声束扩散角公式:

$$\sin \gamma = F\lambda / D$$

式中　γ——折射角;

　　　c——声波速度(简称声速);

　　　λ——介质中声波波长;

　　　D——晶片直径;

　　　F——扩散因子。

扩散因子数值与截取声束边缘的声压下降值有关,几个常用的 F 值见表 3.3。

表 3.3　不同声压下降值的扩散因子 F

截取声束边缘的声压下降值	下降 6 dB	下降 12 dB	下降 20 dB
F 值	0.51	0.8	1.08

声束扩散示意图如图 3.21 所示。由于探头的近场区很复杂,所有计算均假定是在远场区中。

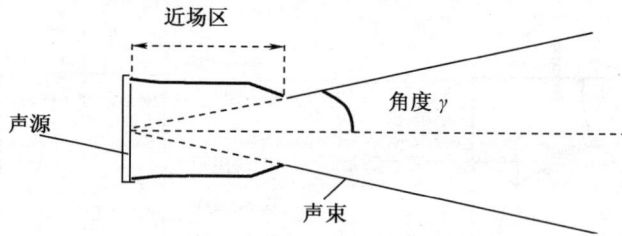

图 3.21 声束扩散示意图

纵波斜探头晶片前附加楔块的材料通常是有机玻璃或聚苯乙烯。进行计算需要的已知条件为:探头频率 f、钢中纵波折射角 θ_L、扩散因子 F、工件中纵波声速 c_L、楔块中纵波声速 c_P。

计算过程包括以下步骤:

(1)由折射角公式计算出楔块中纵波入射角度: $\sin \theta_P = c_P/c_L \sin \theta_L$;

(2)计算楔块中纵波的声束扩散角: $\sin \gamma_P = F\lambda/D = Fc_P/(fD)$;

(3)计算楔块中纵波的声束上下边界角: $\gamma_{P上} = \theta_P + \gamma_P$,$\gamma_{P下} = \theta_P - \gamma_P$;

(4)计算钢中纵波的声束上下边界角: $\sin \gamma_{L上} = c_L/c_P \sin \gamma_{P上}$,$\sin \gamma_{L下} = c_L/c_P \sin \gamma_{P下}$;

例题 1 求晶片尺寸 6 mm,频率 5 MHz,折射角 60° 的纵波斜探头的钢中 −12 dB 声束边界角,设工件中纵波声速 $c_L = 5.95$ mm/μs,楔块中纵波声速 $c_P = 2.4$ mm/μs。

(1)由折射角公式计算出楔块中纵波入射角度:

$$\sin \theta_P = c_P/c_L \sin \theta_L = 2.4/5.95 \times \sin 60°,\theta_P = 20.44°$$

(2)计算楔块中纵波的声束扩散角:

$$\sin \gamma_P = Fc_P/(fD) = 0.7 \times 2.4/(5 \times 6),\gamma_P = 3.21°$$

(3)计算楔块中纵波的声束上下边界角:

$$\gamma_{P上} = \theta_P + \gamma_P = 20.44° + 3.21° = 23.65°$$
$$\gamma_{P下} = \theta_P - \gamma_P = 20.44° - 3.21° = 17.23°$$

(4)计算钢中纵波的声束上下边界角:

$$\sin \gamma_{L上} = c_L/c_P \sin \gamma_{P上} = 5.95/2.4 \times \sin 23.65°,\gamma_{L上} = 84°$$
$$\sin \gamma_{L下} = c_L/c_P \sin \gamma_{P下} = 5.95/2.4 \times \sin 17.23°,\gamma_{L下} = 47.22°$$

答案:该纵波斜探头在钢中的 −12 dB 声束上边界角为 84°,下边界角为 47.22°。

表 3.4 中给出了声束在钢中与楔块中的角度(钢中声速:5.95 mm/μs;聚苯乙烯塑料楔块中的声速:2.4 mm/μs)。

表 3.4 声束在钢中与楔块中的角度

声束在钢中角度	声束在楔块中的角度
45°	16.57°
60°	20.44°
70°	22.27°

表 3.5 给出了不同频率和晶片尺寸探头的楔块中的波长和声束扩散角数据,超声波在

聚苯乙烯塑料中的声速为 2.4 mm/μs，扩散因子 F 取 0.7。

表 3.5　不同频率和晶片尺寸探头的楔块中的波长和声束扩散角

频率/MHz	在楔块中的波长 λ/mm	声束扩散角度 γ		
		$D = 15$ mm	$D = 10$ mm	$D = 6$ mm
3	0.8	2.12°	3.21°	5.34°
5	0.48	1.26°	2.06°	3.21°
10	0.24	0.63°	0.96°	1.6°

由表 3.5 可知，获得最大声束扩散角的两个途径是：①选最低的频率；②选最小的晶片。

表 3.6 为声束中心角度为 60° 的探头在不同频率和晶片尺寸下的声束扩散角。在表中声束扩散的最大值是 3 MHz、6 mm 直径晶片。

表 3.6　声束中心角度为 60° 的探头在不同频率和晶片尺寸下的声束扩散角

频率/MHz	主声束 60° 探头在钢中的声束扩散角		
	$D = 6$ mm	$D = 10$ mm	$D = 15$ mm
3	40.2°~90.0°	47.3°~84.0°	51.1°~72.2°
5	47.3°~84.0°	51.9°~70.6°	54.5°~66.5°
10	53.2°~68.5°	55.8°~64.8°	57.1°~63.1°

虽然从分辨力和声束强度的因素考虑，似乎应优先选择高频率和大直径探头，但是在以发现缺陷为目的的初始扫查阶段，声束的覆盖范围往往成为考虑的第一因素，这使我们不得不选择低频率和小直径的探头。当已经发现缺陷并已知道其大致位置后，就需要更多考虑分辨力因素，选择更优化设置，进一步精确扫查，以便测定缺陷的尺寸。

3.2.4　不同频率分量在声束的分布

对于 TOFD 技术来说，只考虑中心频率的声束角度是远远不够的，还需要考虑不同频率的超声波分量在声束中的分布。TOFD 技术采用的是小晶片、宽声束、窄脉冲、宽频带的探头，不仅声束比较宽，而且声束中包含各种不同的波长或不同频率分量的超声波，这些不同频率分量的超声波对检测均有着不同的影响。

例题 2　已知，探头中心频率 5 MHz，晶片直径 6 mm，纵波折射角 60°，楔块中声速 2.4 mm/μs，钢中声速 5.95 mm/μs，取 -12 dB 声束边界扩散因子 $F = 0.7$，计算在声束中不同频率分量的边界角。

1. 由折射角公式计算楔块中纵波入射角度

$\sin \theta_P = 2.4/5.95 \times \sin 60°$，$\theta_P = 20.44°$

2. 计算楔块中不同频率分量的纵波的声束扩散角

$2\ \text{MHz}: \sin \gamma_P = 0.7 \times 2.4 / (6 \times 2), \gamma_P = 8.04°$

$3\ \text{MHz}: \sin \gamma_P = 0.7 \times 2.4 / (6 \times 3), \gamma_P = 5.16°$

$4\ \text{MHz}: \sin \gamma_P = 0.7 \times 2.4 / (6 \times 4), \gamma_P = 4.01°$

$5\ \text{MHz}: \sin \gamma_P = 0.7 \times 2.4 / (6 \times 5), \gamma_P = 3.21°$

3. 计算楔块中纵波的每一频率分量纵波的上下边界角

$2\ \text{MHz}: \gamma_{P\text{上}} = 20.44° + 8.04° = 28.48°, \gamma_{P\text{下}} = 20.44° - 8.04° = 12.40°$

$3\ \text{MHz}: \gamma_{P\text{上}} = 20.44° + 5.16° = 25.60°, \gamma_{P\text{下}} = 20.44° - 5.16° = 15.28°$

$4\ \text{MHz}: \gamma_{P\text{上}} = 20.44° + 4.01° = 24.45°, \gamma_{P\text{下}} = 20.44° - 4.01° = 16.43°$

$5\ \text{MHz}: \gamma_{P\text{上}} = 20.44° + 3.21° = 23.65°, \gamma_{P\text{下}} = 20.44° - 3.21° = 17.23°$

4. 计算钢中每一频率分量折射纵波的上下边界角

$2\ \text{MHz}: \gamma_{L\text{上}} = 90°; \gamma_{L\text{下}} = 32.14°$

$3\ \text{MHz}: \gamma_{L\text{上}} = 90°; \gamma_{L\text{下}} = 40.77°$

$4\ \text{MHz}: \gamma_{L\text{上}} = 90°; \gamma_{L\text{下}} = 44.19°$

$5\ \text{MHz}: \gamma_{L\text{上}} = 84°; \gamma_{L\text{下}} = 47.22°$

由计算结果可知,频率越高的分量,其 $-12\ \text{dB}$ 边界角越小,集中在声束中心附近分布;频率越低的分量,其 $-12\ \text{dB}$ 边界角越大,分散在声束较大的范围。该探头声束中不同频率分量的分布如图 3.22 所示。

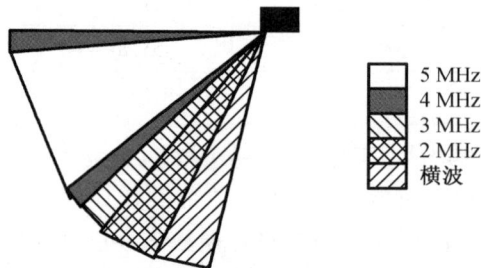

图例:
5 MHz
4 MHz
3 MHz
2 MHz
横波

图 3.22   声束中不同频率分量的分布示意图

同样可算出晶片直径 6 mm,纵波折射角 45°的探头的声束中不同频率分量的分布情况(楔块中声速 2.4 mm/μs,钢中声速 5.95 mm/μs,取 $-12\ \text{dB}$ 声束边界扩散因子 $F = 0.7$):

$2\ \text{MHz}: \gamma_{L\text{上}} = 90°; \gamma_{L\text{下}} = 21.22°$

$3\ \text{MHz}: \gamma_{L\text{上}} = 65.92°; \gamma_{L\text{下}} = 29.01°$

$4\ \text{MHz}: \gamma_{L\text{上}} = 60°; \gamma_{L\text{下}} = 32.28°$

$5\ \text{MHz}: \gamma_{L\text{上}} = 56.51°; \gamma_{L\text{下}} = 34.61°$

该探头声束中不同频率分量的分布如图 3.23 所示。

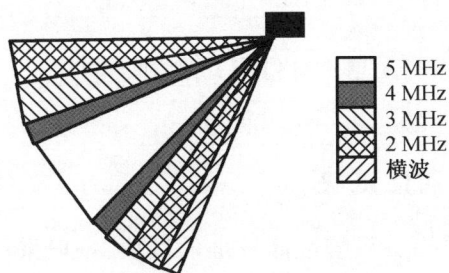

图 3.23　声束中不同频率分量的分布示意图

由以上计算可知,在宽声束、宽频带探头的声场中,不同位置的超声波频率有明显差异。在声束边缘,只有较低频率分量而没有高频分量;高频分量集中分布在声束中心附近。频率对 TOFD 检测的技术性能和信号表现产生多种影响,了解声场中不同频率分量的分布,对研究分辨力、盲区、测量精度、图像噪声、检测信噪比等是有益的。

声场中不同位置的信号频率可以用一种简易方法测出:用 TOFD 仪器测试直通波、底面反射波或衍射信号的周期时间,进而计算出其频率,方法示例如下:

图 3.24 是用 5 MHz、60°探头扫查 50 mm 厚焊缝得到的 A 扫描信号,选择 PCS 使焦点位于 13 mm 深度,此时底面反射波很弱,容易测出其周期。用光标测量直通波周期时间为 0.3 μs,可算出其频率为 3.3 MHz;测量底面反射波周期时间 0.52 μs,可算出其频率为 1.92 MHz。

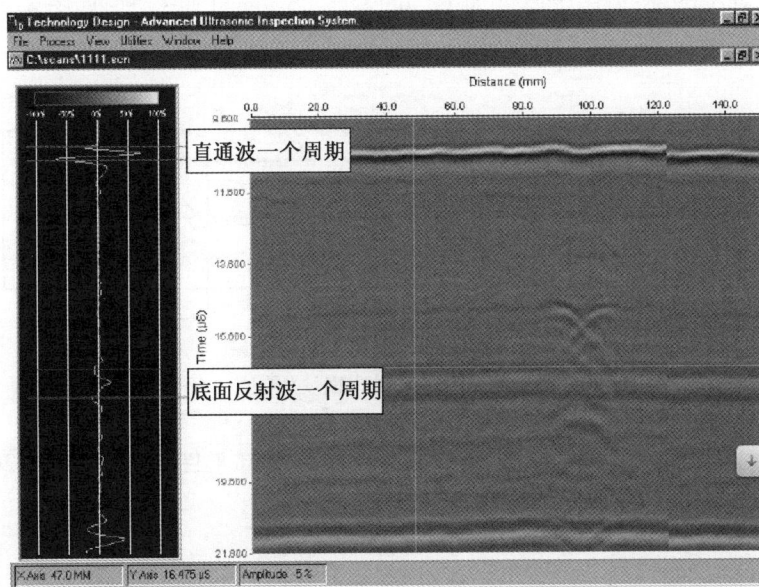

图 3.24　用 A 扫描信号测试直通波、底面反射波或衍射信号的周期时间

3.3 TOFD 检测试块

3.3.1 标准试块和对比试块

标准试块是指用于仪器探头系统性能校准的试块,一般采用的标准试块为 CSK – IA 和 DB – PZ20 – 2 试块。

对比试块是指用于检测校准的试块。对比试块可采用无焊缝的板材、管材或锻件,也可采用焊接件;对比试块应采用声学性能与被检工件相同或相似的材料制作,外形尺寸应能代表工件的特征和满足扫查装置的扫查要求,且试块内部超声波声束可能通过的区域用直探头检测时不应有大于或等于 $\phi2$ mm 平底孔当量的缺陷。

检测曲面工件的纵缝时,若检测面曲率半径大于或等于 150 mm 时,可采用平面对比试块;当检测面曲率半径小于 150 mm 时,应采用曲率半径为工件 0.9 ~ 1.5 倍的曲面对比试块,曲面对比试块中的反射体形状、尺寸和数量与同厚度的平面对比试块一致。

对比试块厚度应为被检工件厚度的 0.9 ~ 1.3 倍,最大厚度差不大于 25 mm。试块最大厚度应保证在试块底面中心直接反射的声束角度不小于 40°,最小厚度应保证两探头理论声束交点位于试块内部。

NB/T 47013.10—2015 采用的平面对比试块如下:

TOFD – A 对比试块:适用于厚度为 12 mm ≤ t ≤ 25 mm 工件检测,如图 3.25 所示;

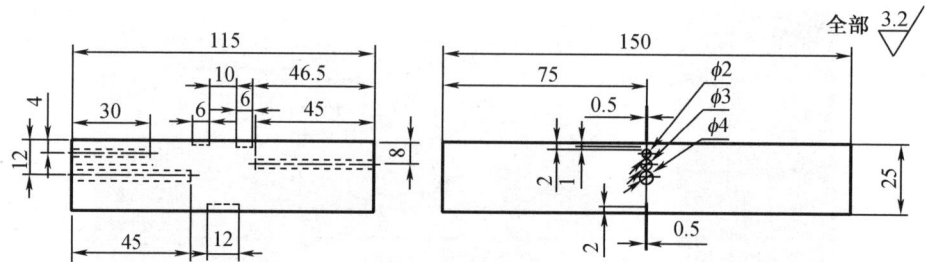

图 3.25 TOFD – A 对比试块(单位:mm)

TOFD – B 对比试块:适用于厚度为 12 mm ≤ t ≤ 50 mm 工件检测,如图 3.26 所示;

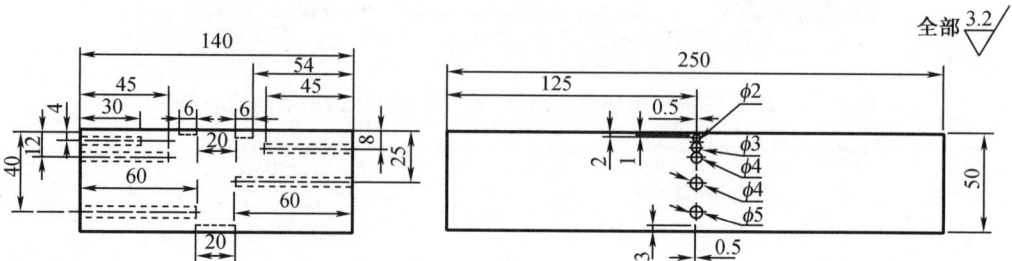

图 3.26 TOFD – B 对比试块(单位:mm)

TOFD – C 对比试块:适用于厚度为 12 mm≤t≤100 mm 工件检测,如图 3.27 所示;

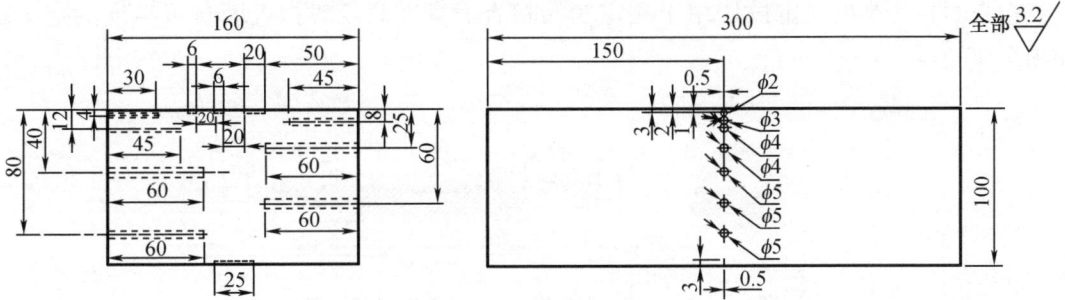

图 3.27　TOFD – C 对比试块(单位:mm)

TOFD – D 对比试块:适用于厚度为 12 mm≤t≤200 mm 工件检测,如图 3.28 所示;

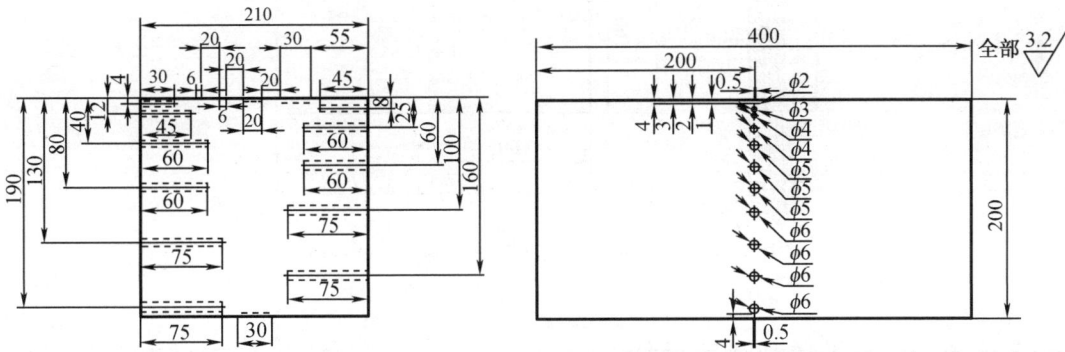

图 3.28　TOFD – D 对比试块(单位:mm)

TOFD – E 对比试块:适用于厚度为 12 mm≤t≤400 mm 工件检测,如图 3.29 所示。

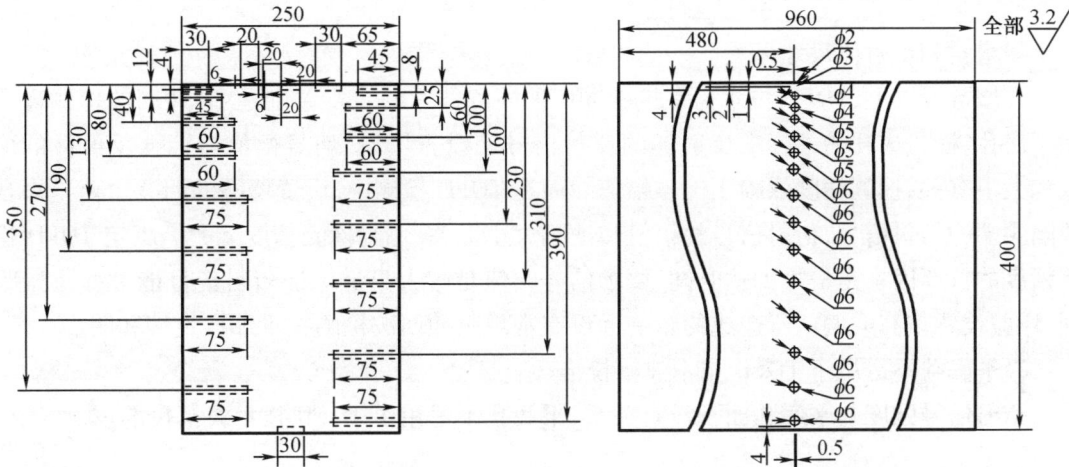

图 3.29　TOFD – E 对比试块(单位:mm)

3.3.2 扫查面盲区高度测定试块

扫查面盲区高度测定试块用于测定初始扫查面盲区高度。扫查面盲区高度测定试块如图3.30所示。

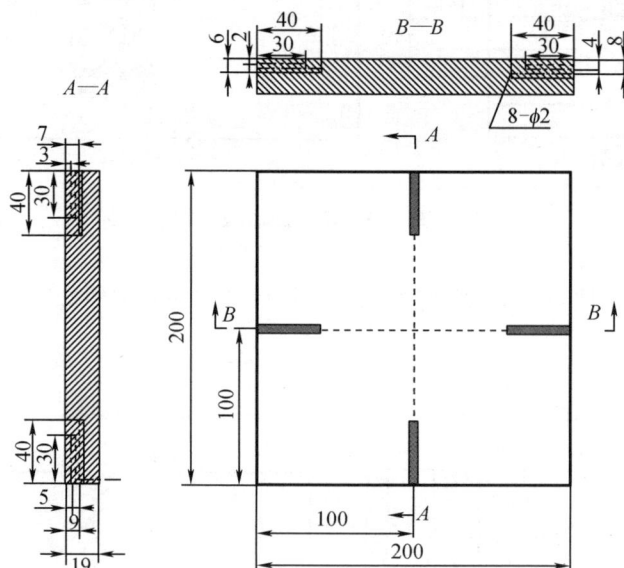

图3.30 扫查面盲区高度测定试块(单位:mm)

3.3.3 声束扩散角测定试块

声束扩散角测定试块用于测定检测仪器和探头组合的实际−12 dB声束扩散角。声束扩散角测定试块如图3.31所示。

3.3.4 参考反射体

1. 增益和反射体尺寸无关

在增益设置上,TOFD技术与常规脉冲回波检测技术的主要差别是:脉冲回波检测通常用平底孔、横孔或开槽等标准反射体的反射信号来设置增益,信号幅值与标准反射体的形状和大小有关,检测精度依赖于信号幅值。而在TOFD检测中,设置增益的回波主要是来自缺陷尖端的衍射信号,衍射信号的幅值和缺陷大小无关,也与检测精度无关。决定TOFD检测精度的首要因素是信号到达时间,要求信号幅值足够大只是保证衍射信号能被探头接收到,增益设置偏高或偏低所造成的影响远没有常规脉冲回波检测技术那样直接和明显。

2. 平底孔不适用于TOFD技术波幅校准

衍射信号强度与平底孔面积没有关系,平底孔不适用于TOFD技术波幅校准。

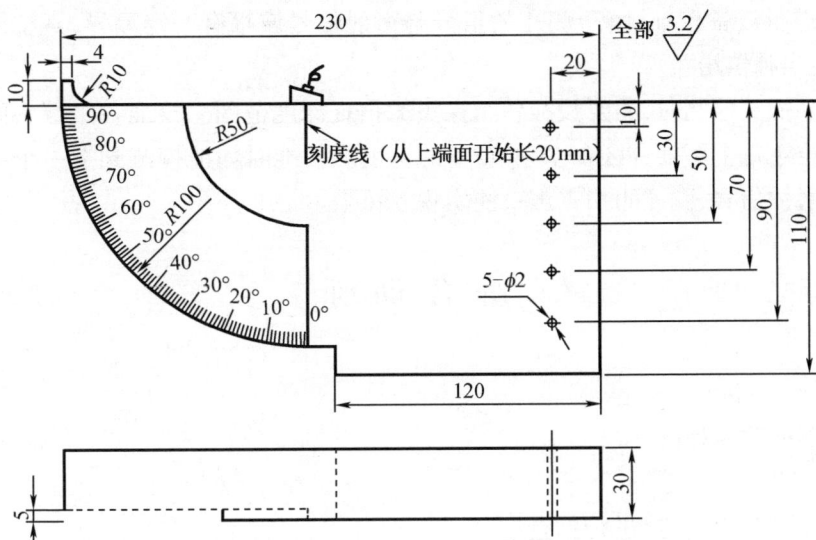

图 3.31　声束扩散角测定试块(单位:mm)

3. 适于衍射波幅校准的人工窄槽

TOFD 技术采用的校准衍射波幅的人工缺陷是一系列用机械方法加工的窄槽,槽的宽度应尽可能地窄,其宽度值不应该大于所采用的超声波波长的 1/4。槽的种类有浅槽和深槽两种,对浅槽的宽度要求小于 1 mm,而对深槽,由于其深度要求达到试块的 1/3 厚度处和 2/3 厚度处,加工困难,所以不得不允许取较大宽度,规定该类槽底部要有尖角,角度为 60°,如图 3.32 所示。

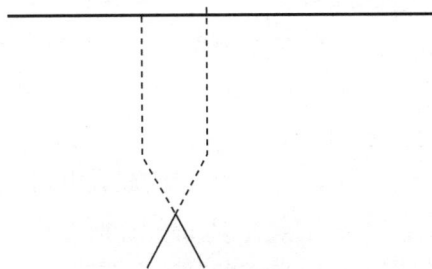

图 3.32　尖角槽(尖角为 60°)

4. 用于校准波幅和扫查范围的侧孔

从试块侧面钻的长横孔又称侧孔。使用侧孔进行 TOFD 校准的问题是:直径足够大的横孔会产生两个能区分开的信号,但是这两个信号都不是衍射信号,上边的信号主要是孔顶部的反射,第二个信号主要是沿孔底部形成的爬波。使用直径小于波长 2 倍的横孔,在孔的顶部和底部的信号之间会发生干扰。

虽然使用侧孔有一些问题,但侧孔加工方便,所以标准允许用侧孔进行波幅校准和扫查范围校核。

用侧孔进行波幅校准,由于侧孔的信号与衍射信号波幅有一定差异,其结果可能不够准确,需要适当补偿增益。

在使用多探头检测时,需要校准各组探头的扫查深度范围。校准各组探头的扫查深度范围的侧孔位于每个厚度分区25%和75%的深度。校准时如能探测到上一个分区和下一个分区的反射体信号,就证明扫查声束能实现互覆盖。

综 合 训 练

一、选择题

1. 扫查器的功能是( )。

A. 夹持探头

B. 沿预定的轨迹行走,进行扫查

C. 传递探头的位置信息

D. 以上都是

2. 编码器的作用是( )。

A. 将模拟信号转换为数字信号

B. 测量探头行走距离

C. 重组检测信号图像

D. 以上都是

3. TOFD 检测仪器主要功能是( )。

A. 采集和保持超声 A 扫描信号波形

B. 发射超声波和接收放大回波信号

C. 分析处理数据,显示信号波形和扫查图像

D. 以上都是

4. 以下哪一个电路不属于模拟部分( )。

A. 脉冲发射电路   B. 接收放大电路

C. 带通滤波电路   D. 信号存储电路

5. 以下关于 TOFD 检测仪器的接收放大电路的带宽的一般要求,错误的是( )。

A. $-6\ dB$ 带宽$\geqslant 10\ MHz$

B. $-6\ dB$ 带宽$\geqslant 30\ MHz$

C. $-6\ dB$ 带宽大于探头的频带宽度

D. $-6\ dB$ 带宽为标称频率的 $0.5 \sim 2$ 倍

6. 以下关于 TOFD 检测仪器的激发脉冲的要求,错误的是( )。

A. 只可采用单极矩形波

B. 一般规定脉冲电压为 $100 \sim 400\ V$

C. 脉冲前沿上升时间$\leqslant 50\ ns$

D. 脉冲宽度在 $100\ ns$ 以下

7. TOFD 检测仪器的脉冲重复频率,一般在(　　　)。

A. 100 ~ 1 000 Hz

B. 至少大于 4 倍探头标称频率

C. 至少大于 2 倍探头标称频率

D. 以上都不对

8. 以下关于电子电路的带宽的叙述,错误的是(　　　)。

A. 带宽指的是电路可以保持稳定工作的频率范围

B. 对高频电路,导线与导线之间形成的分布电容会影响带宽

C. 所谓 - 3 dB 带宽是指信号输出幅度降到初始时的 50% 的频率范围

D. 输入信号频率的上下限分别称为高端截止频率和低端截止频率

9. 一个双极性矩形脉冲可使晶片发生(　　　)。

A. 一次振动　　　　　　　　　　B. 两次振动

C. 三次振动　　　　　　　　　　D. 四次振动

10. TOFD 系统施加在探头上的电压脉冲是(　　　)。

A. 振幅 400 V 的尖脉冲

B. 振幅 400 V 的矩形脉冲

C. 振幅 400 V、宽度 500 ns 的矩形脉冲

D. 振幅 100 ~ 400 V,宽度 25 ~ 500 ns 的可调的矩形脉冲

11. 以下关于电脉冲触发超声脉冲的叙述,哪一条是错误的?(　　　)

A. 超声脉冲是靠矩形脉冲的前沿和后沿使压电元件振动而产生的

B. 矩形脉冲的前沿和后沿触发的超声脉冲信号相位相反

C. 改变脉冲宽度可以使触发的超声脉冲信号变强或者变弱

D. 如欲改进检测分辨力,应将脉冲宽度设置成探头中心频率的周期的一半

12. 对 10 MHz 的探头,如果想获得一个振幅更大的信号,则触发超声脉冲的矩形电脉冲的宽度应为(　　　)。

A. 100 ns　　　　　　　　　　B. 50 ns

C. 25 ns　　　　　　　　　　　D. 10 ns

13. 将脉冲宽度设置成该频率周期的一半,可以使(　　　)。

A. 信号振幅变大,余波变长

B. 信号振幅变小,余波减少

C. 对信号影响不大

D. 以上都不对

14. 发射脉冲电压不能过高的原因之一是(　　　)。

A. 电压过高使信号振幅变大,分辨力降低

B. 电压过高使压电陶瓷损坏

C. 电压过高使能耗增大,电池工作时间缩短

D. 以上都不对

15. 以下关于仪器的脉冲重复频率(PRF_0)的叙述,正确的是(　　)。

　　A. 脉冲重复频率就是触发探头发射超声脉冲数

　　b. 脉冲重复频率就是系统接收存储的信号数

　　C. 脉冲重复频率的选择与数字化采样的频率无关

　　D. 脉冲重复频率的选择与数字化采样的 A 扫描长度相关

16. 以下哪一条不是 TOFD 检测使用的探头与常规脉冲反射法超声检测探头的区别(　　)。

　　A. TOFD 检测使用的探头脉冲更短

　　B. TOFD 检测使用的探头频带更宽

　　C. TOFD 检测使用的探头频率更高

　　D. TOFD 检测使用的扩散角更大

17. 使用 4 对探头进行 TOFD 扫查,已知系统设定的脉冲重复频率是 1 024 Hz,并使用 16 次叠加来获得平均波形,则对于任意一对 TOFD 探头,有效的触发探头发射的脉冲重复频率(PRF)是(　　)。

　　A. 1 024 Hz　　　　　　　　　　　B. 256 Hz

　　C. 64 Hz　　　　　　　　　　　　D. 16 Hz

18. 使用 4 对探头进行 TOFD 扫查,已知系统设定的脉冲重复频率是 1 024 Hz,并使用 16 次叠加来获得平均波形,如果扫描速率是 50 mm/s,则对于任意一对 TOFD 探头,获得一个 A 扫描的时间内探头移动距离为(　　)。

　　A. 3.1 mm　　　　　　　　　　　B. 0.77 mm

　　C. 0.19 mm　　　　　　　　　　　D. 0.049 mm

19. 如果触发探头发射的脉冲重复频率(PRF)不能满足扫描速率的要求,除了降低扫描速率和设置更高的仪器的脉冲重复频率(PRF_0)外,还可采取哪些措施? (　　)。

　　A. 减少平均数数量

　　B. 减少需要进行数字化采样的 A 扫描长度

　　C. 减少数字化采样的频率

　　D. 以上都对

20. 以下哪一条,不是压电复合材料的优点(　　)。

　　A. 可加工形状复杂的探头

　　B. 声速、声阻抗等参数易于改变

　　C. 在较大温度范围内特性稳定

　　D. 价格低

21. 以下关于压电复合材料的叙述,错误的是(　　)。

　　A. 压电复合材料机械品质因数 Q 值低,灵敏度低

　　B. 压电复合材料 $d_{33}g_{33}$ 数值大,发射 - 接收能量高

　　C. 压电复合材料横向振动很弱,串扰声压小,信噪比高

　　D. 压电复合材料易与声阻抗不同的材料匹配

22. 以下关于压电复合材料探头的带宽的叙述,错误的是(　　)。

A. 提高带宽有利于纵向分辨力的提高,但将使灵敏度损失

B. 压电复合材料不须采用背阻尼来提高带宽

C. TOFD 探头的带宽一般指 -6 dB 带宽

D. 一般规定带宽在 76% ~110% 的探头为宽带探头

23. 哪一种探头更适于粗晶材料检测(　　)。

A. 带宽(15% ~30%)探头

B. 中带宽(31% ~75%)探头

C. 宽带宽(76% ~110%)探头

D. 带宽与粗晶材料检测特性无关

24. 以下关于 TOFD 技术采用的宽声束、宽频带探头的特点,哪一条是错误的? (　　)

A. 宽带探头声束中包含各种不同频率分量

B. 高频分量分布在声束中心的附近

C. 低频分量分布在声束的边缘

D. 用仪器测量周期时间计算得到的直通波频率,实际上是回波频率而不是探头发出的信号频率

25. 以下关于宽带信号回波频率变化特点的叙述,哪一条是错误的? (　　)

A. 回波频率变化是由介质对不同频率超声波衰减不同而引起的

B. 对于金属材料介质,衰减的主要原因是散射

C. 由于高频部分衰减大,低频部分衰减小,回波信号中心频率下降

D. 衰减造成各频率分量声压的下降,但回波信号的中心频率没有改变

26. 以下关于 TOFD 检测试块的叙述,错误的是(　　)。

A. 试块上反射体的尺寸误差对检测结果影响不大

B. 平底孔和横孔均可用于 TOFD 波幅校准

C. 校准衍射波幅的窄槽宽度不宜大于波长的 1/4

D. 校准衍射波幅的窄槽槽底部要有尖角,角度为 60°

二、简答题

1. TOFD 检测硬件系统有哪些基本组成?

2. 扫查器的作用是什么? 简述位置传感器工作原理和前置放大器用途。

3. 什么是电子电路的带宽? -6 dB 带宽是如何定义的? TOFD 仪器的 -6 dB 带宽一般规定为多少?

4. 怎样理解 TOFD 仪器使用矩形脉冲"表现出更好的可控性和调谐性"?

5. 脉冲宽度对探头信号特性会产生什么影响? 上升时间对探头信号特性会产生什么影响?

6. TOFD 仪器的发射脉冲电压一般是多少? 电压过高会带来什么问题?

7. TOFD 仪器的脉冲重复频率(PRF_0)、触发探头发射的脉冲重复频率(PRF)和系统接收存储的信号数三者是什么样的关系?

8.哪些因素会影响空白 A 扫描图像的出现？

9.TOFD 探头有哪些特点？

10.压电复合材料的 $d_{33}g_{33}$、Q、Z、K_t 与普通 PZT 晶片材料相比有哪些不同？

11.超声探头的脉冲回波射频（RF）信号的时域响应特性参数有哪些？这些参数的改变如何影响检测结果？

12.脉冲回波信号的频域特性参数有哪些？

13.什么叫探头的相对带宽？如何计算？

14.TOFD 探头的带宽与超声脉冲长度、纵向分辨力是什么关系？

15.什么叫探头中心频率（f_c）？什么叫探头峰值频率（f_P）？两者是什么关系？

16.根据相对带宽，超声探头如何分类？

17.什么是超声波检测的纵向分辨力？TOFD 检测的纵向分辨力与哪些因素有关？

18.什么是超声波检测的横向分辨力？如何提高 TOFD 检测的横向分辨力？

19.什么叫扩散因子？如何进行探头声场边界角计算？

20.不同频率分量在 TOFD 探头的声束中是如何分布的？

21.频率对 TOFD 检测的技术性能有哪些影响？

22.为什么使用宽带探头能显著提高粗晶材料检测的信噪比？

23.TOFD 技术与常规脉冲回波检测技术在增益设置上的主要差别是什么？

24.适于衍射波幅校准的人工缺陷是哪一种？

三、计算题

1.已知：工件中纵波声速 $c=5.95$ mm/μs，楔块中纵波声速 $c_P=2.4$ mm/μs。求晶片尺寸 6 mm，频率 5 MHz，折射角 45°的纵波斜探头的钢中 −12 dB 声束边界角。

2.已知：探头中心频率 5 MHz，晶片直径 6 mm，纵波折射角 60°，楔块中声速 2.4 mm/μs，钢中声速 5.95 mm/μs，取 −12 dB 声束边界扩散因子 $F=0.8$，计算在声束中不同频率分量（2 MHz、3 MHz、4 MHz、5 MHz、6 MHz、7 MHz）的边界角。

第4章　TOFD技术的盲区和测量误差

学习目标

1. 通过学习 TOFD 技术的盲区,知道直通波盲区和底面盲区的形成原因,分析影响直通波盲区和轴偏离底面盲区的因素。

2. 学习减少盲区的工艺措施和如何减小盲区的不利影响。

3. 通过学习 TOFD 测量误差,分析导致 TOFD 技术产生深度测量误差的主要因素。

4. 通过学习 TOFD 测量精度,结合 TOFD 测量点位置的选取,设计提高测量精度的措施。

5. 通过学习 TOFD 技术的分辨力,设计提高 TOFD 技术分辨力的措施。

    盲区是指应用 TOFD 技术检测时,被检体积中不能发现缺陷的区域。对上表面缺陷,其信号可能因隐藏在直通波信号下而漏检;对下表面缺陷,其信号可能因被底面反射信号淹没而漏检,这就是位于工件扫查面附近的上表面盲区和工件底面附近的下表面盲区问题。

    盲区和测量误差的共同作用导致 TOFD 检测的近表面问题。近表面是指探头扫查面附近区域,该区域是 TOFD 技术应用效果最差的区域。近表面检测有两个主要问题,一是直通波的存在影响缺陷信号显示,产生检测的上表面盲区。上表面盲区比下表面盲区范围更大,对检测可靠性的影响也更大。二是由于近表面区域的时间测量不准导致深度分辨力变差,不仅影响缺陷位置测定的准确性而且影响缺陷高度测量精度。盲区和测量误差的叠加作用使得近表面区域的 TOFD 技术的应用效果特别差。

4.1　TOFD 技术的盲区

4.1.1　直通波盲区

    扫查面附近的内部缺陷信号可能隐藏在直通波信号之下,导致无法识别,上表面盲区就是直通波信号所覆盖的深度范围,如图 4.1 所示。盲区的深度 D_z 可按下式算出:

$$\begin{aligned}
D_z &= \sqrt{(c/2)^2(T_L + T_P)^2 - S^2} \\
&= \sqrt{(c/2)^2(2S/c + T_P)^2 - S^2} \\
&= \sqrt{(cT_P/2)^2 - cST_P}
\end{aligned} \tag{4.1}$$

式中　c——材料中纵波的声速,mm/μs;

$2S$——探头中心距（PCS），mm；

T_L——直通波的传输时间，μs；

T_P——直通波脉冲时间宽度，μs。

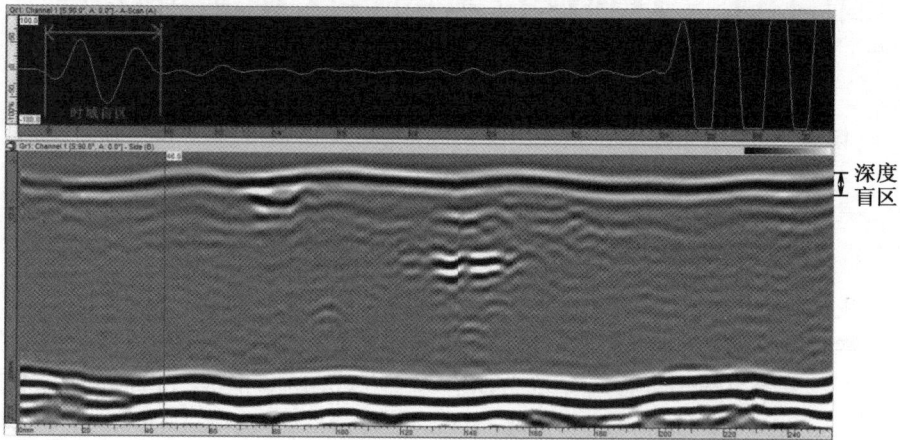

图 4.1　上表面盲区

盲区的大小与 3 个量有关：c、T_P 和 S，其中 c 为材料中纵波的声速，为一定值；T_P 是直通波脉冲时间宽度，与频率和探头带宽有关；S 是探头中心距的一半，取值与工件尺寸有关。T_L、T_P 的关系如图 4.2 所示。

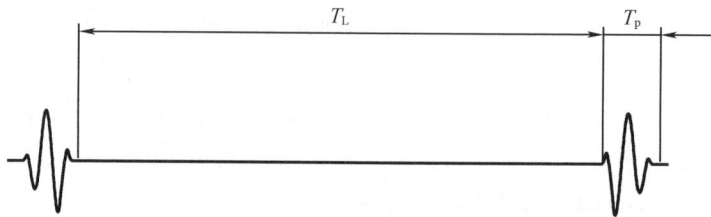

图 4.2　直通波的传输时间与直通波脉冲时间宽度的关系

用公式计算直通波盲区，T_P 取值对结果影响很大。如果使用脉冲长度不超过 1.5 个信号周期的短脉冲探头，且缺陷信号足够大（大于直通波振幅的 50%），缺陷波与直通波相差 1 个信号周期，就可以发现缺陷信号，如图 4.3 所示。如果使用的探头的脉冲长度很长，周期很多，则缺陷波与直通波相差 2 个信号周期甚至更多，也不能发现缺陷信号，因此 T_P 取值与探头的脉冲长度和带宽有关。

进一步研究表明，T_P 取直通波 1 个信号周期的计算值与实际测量的盲区值也不一致，实际测量盲区大于 T_P 值取 1 个信号周期的计算值而小于 T_P 值取 2 个信号周期的计算值，大致在 T_P 值取 1.5 个信号周期和 2 个信号周期的计算值之间。

由于 TOFD 技术使用宽频带宽声束探头，信号频率是变量，处于声束边缘的直通波的频率低于探头标称频率，声波传输过程中又有频散现象，回波频率低于发射频率，因此直通波的周期时间按探头标称频率取值计算是不准的。

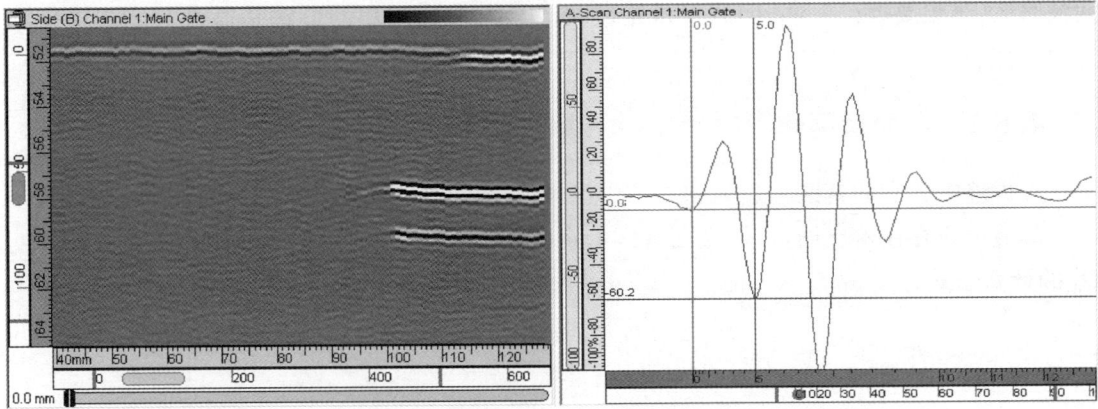

图 4.3　缺陷波与直通波相差 1 个信号周期的 A 扫描信号和图像

取纵波声速 $c=5.95$ mm/μs，T_P 值分别取 1 个和 2 个信号周期的计算值，按式（4.1）计算不同探头频率（5 MHz、10 MHz）和不同 PCS 的盲区大小，有关数据见表 4.1。

表 4.1　不同探头频率和不同 PCS 的盲区大小

5 MHz 探头不同 PCS/mm	60	80	100	120	160	200
T_P 取 1 个信号周期（0.2 μs）计算的盲区值/mm	6.00	6.92	7.73	8.47	9.77	10.9
T_P 取 2 个信号周期（0.4 μs）计算的盲区值/mm	8.53	9.82	10.97	12.01	13.85	15.47
10 MHz 探头不同 PCS/mm	60	80	100	120	160	200
T_P 取 1 个周期（0.1 μs）计算的盲区值/mm	4.23	4.89	5.46	5.98	6.90	7.72
T_P 取 2 个周期（0.2 μs）计算的盲区值/mm	6.00	6.92	7.73	8.47	9.77	10.9

由表 4.1 的数据可以看出：

（1）无论 T_P 值取 1 个信号周期还是 2 个信号周期，计算得到的直通波盲区值都很大。实际上，对 50 mm 以下的焊接接头检测，如果只进行一次扫查，盲区大致要占检测厚度的 15% ~ 25%，因此直通波盲区是检测不能忽视的问题。

（2）减小 PCS 或提高探头频率都能显著地减小盲区深度。减小 PCS 即减小直通波时间宽度代表的深度范围。

（3）采用短脉冲探头也是十分重要的，如果使用的探头频带较窄，脉冲持续时间长，周期数多，则 T_P 取值就更大，计算的盲区也更大。提高频率，增加探头的带宽，选择激励脉冲宽度。

(4)用公式计算直通波盲区虽然简便易行,但不够准确。用计算机仿真软件来计算直通波盲区,结果要准确一些,但软件价格较贵。最可靠和实用的方法是通过对比试块来测定盲区大小。

4.1.2 底面盲区

1.焊缝中心底面盲区

焊缝中心存在着底面盲区,底面盲区示意图如图4.4所示,一个焊缝中心底面盲区高度 D_{dz} 的计算公式为

$$D_{dz} = \sqrt{(c/2)^2(T_D + T_P)^2 - S^2} \tag{4.2}$$

式中　　D_{dz}——底面反射深度,mm;

T_D——底面反射波信号传输时间,μs;

T_P——底面反射波信号宽度,μs。

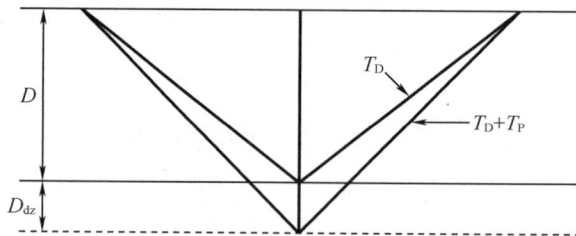

图4.4　底面盲区示意图

理论分析和实测结果均表明,所谓"焊缝中心的底面盲区"与上表面直通波盲区性质不同。如果底部存在缺陷,无论是表面裂纹还是近表面气孔,缺陷的上尖端信号应领先于底面信号,不应被底面信号淹没。该盲区的存在只是缺陷信号与底面信号不重叠度的分辨能力造成的,如图4.5所示。这种分辨能力取决于 D 扫描图像的分辨率和肉眼观察能力,同时与缺陷信号大小及底面的平整程度等因素有关。

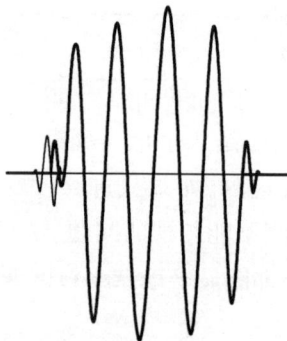

图4.5　缺陷信号与底面信号不重叠

现在使用的TOFD仪器已能提供足够高分辨率的D扫描图像,用其测量底面平整试块上的足够长的槽,只要缺陷信号超前底面信号1个周期,甚至0.5个周期,就可以识别。因此,焊缝中心的底面盲区的计算公式不准确,也无计算的必要,该盲区即使存在,也是很小的,一般不超过1 mm,甚至小于0.5 mm。

以上是底面平整的情况,如果底面有焊缝余高,则盲区会增大,由于余高部分处于盲区范围,其中的缺陷不能检出。

2.轴偏离底面盲区

对TOFD技术检测可靠性影响较大的底面盲区主要是轴偏离底面盲区,即偏离两探头中心位置的底面区域存在的盲区。对处于轴偏移盲区的缺陷,例如X形焊缝下坡口处或热影响区的缺陷,其信号迟于底面反射波信号到达,被底面反射波信号淹没,从而无法识别,也就不能检出。

按TOFD检测一收一发的探头布置,超声衍射信号传输时间相等位置为一个椭圆轨迹。图4.6所示的椭圆轨迹是与底面反射波信号传输时间相等的衍射点位置,如果缺陷在椭圆以下区域,则信号出现在底面反射波之后,因此无法检出。此外还须说明,椭圆曲线上超声衍射信号传输时间相等的特性除了会导致轴偏离底面盲区外,还会导致深度测量出现误差。

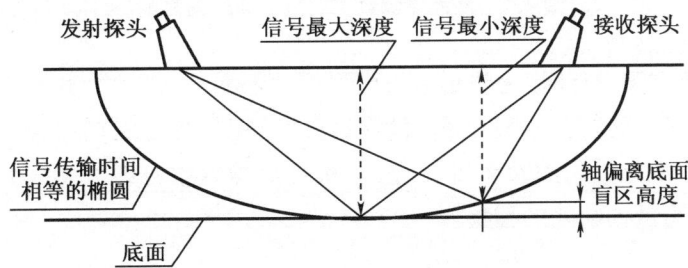

图4.6　轴偏离底面盲区的计算

该盲区的重要特点是其高度与距两探头中心线的相对距离有关,即与轴偏离值有关,由图4.6可知,距中心线越远,盲区高度就越大。在声束范围内,椭圆曲线的最大深度差在两探头中轴线上最大深度和声束边缘最小深度之间。在针对焊缝检测时,检测区域的最大轴偏离是焊缝中心到热影响区的距离。

由椭圆标准方程可以推导出轴偏离底面盲区Δh的计算公式:

$$\Delta h = H - y$$
$$= H - H\sqrt{1 - \frac{x^2}{S^2 + H^2}}$$
$$= H\left(1 - \sqrt{1 - \frac{x^2}{S^2 + H^2}}\right) \tag{4.3}$$

式中　H——工件厚度(又是椭圆短轴b),mm;

　　　y——表面至盲区上缘的距离,mm;

S——探头中心距的一半,mm;

x——轴偏离值,mm。

由图 4.6 和式(4.3)可以看出,轴偏离底面盲区除了与轴偏离值有关外,还与工件厚度和 PCS 有关,在工件厚度一定时,增加 PCS 可以减小轴偏离底面盲区。

在实际检测中,要特别注意焊缝形式和形状对轴偏离底面盲区高度的影响。X 形坡口焊缝的熔合线处的盲区高度显然大于 V 形坡口根部的盲区高度。X 形坡口热影响区缺陷的轴偏移位置最大,最不利于检出。

对底面有余高的 X 形坡口双面焊缝,还应注意底面焊缝余高对盲区的影响。如图 4.7 所示,余高使底面反射波信号延迟,椭圆轨迹降低,减小了焊缝熔合线处的盲区高度,因此余高的存在对减小熔合线处的盲区高度有利,但却不利于焊缝中心位置的盲区。

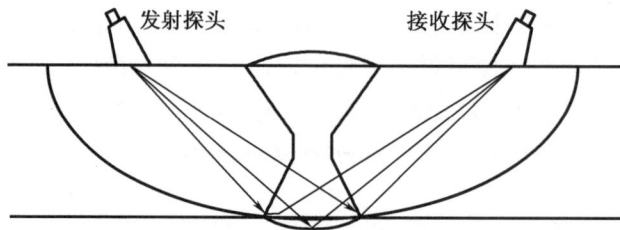

图 4.7　底面焊缝余高对底面盲区的影响

在 TOFD 检测方案设计时,为防止下表面附近缺陷漏检,就必须明确需要检测的最小缺陷尺寸、检测区域、焊缝类型等,对于底面焊缝宽度较宽的焊缝实施检测,应考虑是否需要几条非平行扫查。例如采用两次偏置扫查,一次针对焊缝中心线左侧,另一次针对焊缝中心线右侧,以防止盲区内缺陷的漏检。

4.2　减少盲区的工艺措施

除了通过采用高频短脉冲宽频带探头、减少探头中心间距的方法减小表面盲区范围外,还可采取以下措施检出盲区内的缺陷,减小盲区的不利影响。

4.2.1　TOFD 和脉冲反射法组合使用

对于表面盲区可采用脉冲反射法超声技术进行补充检测。图 4.8 为对厚度 50 mm 以下焊接接头采用的 TOFD 和脉冲反射法组合检测示意图。

(1)1 组或多组 TOFD 探头对整个焊缝进行检测;

(2)2 个普通探头在特定位置用一次反射波对上表面盲区进行检测;

(3)2 个普通探头在特定位置用直射波对下表面盲区进行检测。

将普通横波斜探头连接到 TOFD 仪器,探头按照非平行扫查的路径利用脉冲反射法对上表面和下表面进行扫查,仪器可记录全过程信号,获得 D 扫描图像,这一方法对盲区内的缺陷检出是比较有效的。

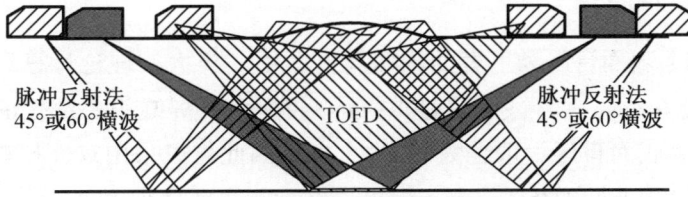

图 4.8　TOFD 和脉冲反射法组合检测

4.2.2　利用爬波检测上表面盲区

当声波从一种介质斜入射到另一种介质界面时,会产生反射和折射现象,同时可能发生波型转换。若纵波从第一介质以第一临界角附近的角度(±30°以内)入射于第二介质,在第二介质中不仅存在表面纵波,还存在符合自由边界条件的斜射横波。如图 4.9 所示,横波与纵波叠加后能量最集中的前沿称为爬波。

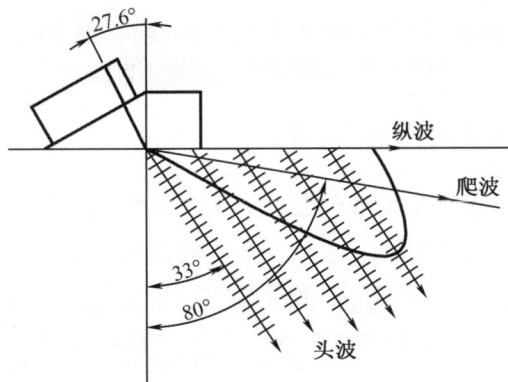

图 4.9　爬波产生的示意图(有机玻璃与钢)

爬波可以对焊缝检测面以下约 10 mm 深度内的缺陷实施有效检测,如图 4.10 所示,但由于爬波检测无法对缺陷深度进行测量,因此无法区分咬边、焊沟与内部缺陷,爬波信号沿水平距离衰减很快,一般只能检测探头晶片前面 30~40 mm。

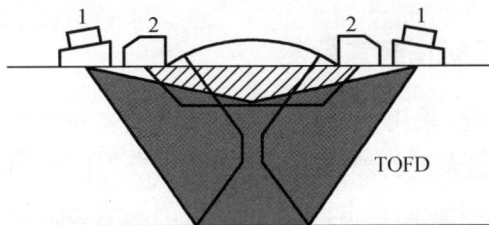

1—TOPD 探头(成对出现);2—爬波探头(双侧扫查)。

图 4.10　爬波与 TOFD 自动扫查示意图

4.2.3 双面扫查

TOFD 检测的上表面盲区和下表面轴偏离盲区不一样大。理论计算和实测均表明,上表面盲区通常超过 5 mm,有时甚至超过 10 mm;而下表面焊缝中心部位的盲区很小,只有 0.5 ~ 1 mm,轴偏离底面盲区一般也只有 1 ~ 3 mm,因此可以采用双面扫查减小盲区,如图 4.11 所示。双面扫查进行 TOFD 检测不但可以将检测盲区减小到 1 ~ 3 mm,而且在减小测量误差、提高缺陷分辨力方面也有明显的效果,但是检测工作量增加了一倍。

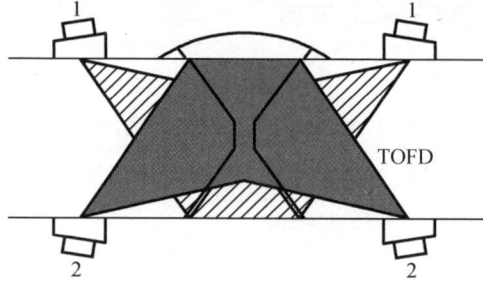

1—上面扫查的一对 TOPD 探头;2—下面扫查的一对 TPD 探头。

图 4.11　利用双面扫查减小盲区

4.2.4 改变扫查面减小上表面盲区

由于直通波是沿最短路径传播而不是沿工件表面传播,因此在检测筒体纵焊缝时,从外表面扫查和从内表面扫查,上表面盲区和下表面轴偏离盲区是不一样的。可以通过改变扫查面减小盲区。比较图 4.12(a)和(b)所示方式,可以看出从内表面扫查的上表面盲区和下表面轴偏离盲区都比外表面扫查的盲区小。因此根据工件的几何形状选择合适的扫查面是减小盲区的简便有效的方法之一。

4.2.5 磁粉和渗透检测

通过磁粉或渗透检测来对 TOFD 盲区进行补充检测。这两种方法工艺成熟,对表面缺陷检测可靠性很高。但渗透检测对表面不开口的缺陷无法检出,使用效果不够好。合适的磁粉检测工艺可以检出埋藏深度 2 ~ 3 mm 的缺陷。这一深度基本上可解决 TOFD 检测的下表面盲区,但对上表面盲区则显得不够。

4.2.6 手工脉冲反射法超声检测

如果是余高磨平的焊缝,采用手工脉冲反射法对上表面和底面盲区进行补充检测,效果还是比较好的。但对于有余高的焊缝使用手工脉冲反射法检测,近表面缺陷回波信号会与焊缝表面反射波混淆,影响缺陷检出;对于余高中的缺陷,无法检出。因此对有余高的焊缝采用手工脉冲反射法对盲区进行补充,应用效果不够理想。

(a)凸面工件

(b)凹面工件

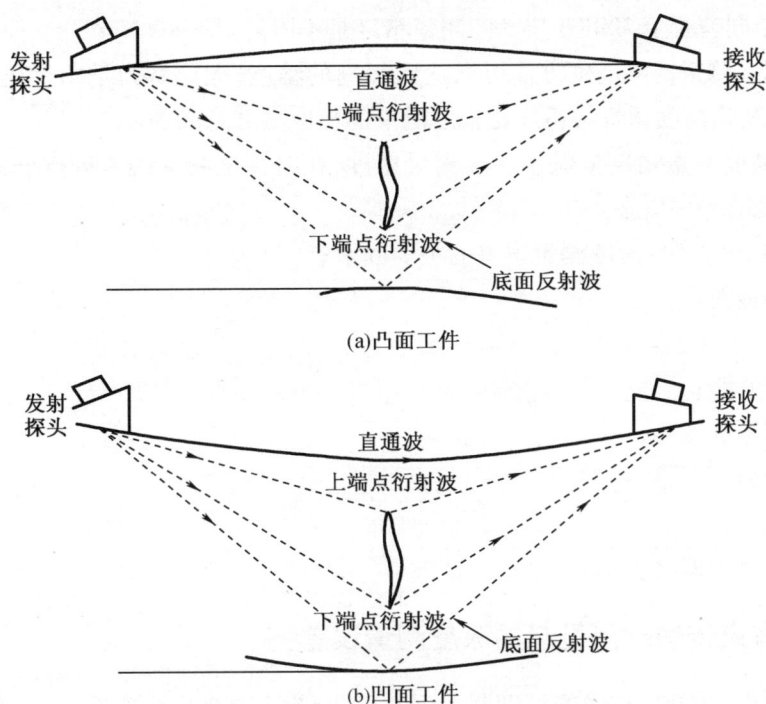

图 4.12 不同扫查面对上、下表面盲区影响

4.2.7 表面盲区的测定

上表面和底面盲区可通过计算确定,也可通过试块来测定盲区尺寸。在用于测定盲区的试块的上表面和底面制作深度 2 mm、4 mm、8 mm 的槽。如欲确定非平行扫查的底面盲区范围时,还应在底面距扫描中心线 0 mm、10 mm、20 mm、30 mm 处开槽,槽的深度就是要扫查到的最小裂纹的深度。

对有余高的焊缝,由于余高形状会影响下表面盲区(包括中心部位盲区和轴偏离盲区),采用对比试块来测定盲区是不准确的。此时应采用与工件的几何形状和尺寸相同的模拟试块进行盲区测定。

4.3 TOFD 测量误差

TOFD 技术的测量包括缺陷在工件中位置(深度)的测量和缺陷尺寸的测量,而缺陷尺寸的测量又包括缺陷的高度和长度的测量,因此测量误差也包括了位置(深度)的测量误差,以及缺陷高度尺寸和长度尺寸的测量误差。

在缺陷长度方面,TOFD 技术是利用在 D 扫描中信号保持的距离来进行测定的,这非常类似于常规脉冲回波的方法,两者的测量精度也是相似的,因此 TOFD 技术的测量精度优势主要体现在缺陷的深度和高度测量方面。

与脉冲反射法相比,TOFD 技术的优点之一是对缺陷位置和高度的测量非常准确。但在不同区域或不同位置上，TOFD 技术的测量精度是不同的。

TOFD 技术在测量缺陷高度方面可以达到很高的精度，无论从力学角度还是失效分析角度，通常认为缺陷高度测量的精度比长度测量的精度更有意义。

由于缺陷高度测量精度依赖于深度测量精度，在对深度测量误差进行分析的同时，讨论保证测量精度的一些措施。

导致 TOFD 技术产生深度测量误差的主要因素有：

（1）声束传输时间；

（2）轴偏移；

（3）探头中心距；

（4）耦合剂厚度变化；

（5）检测表面不平整；

（6）声速变化；

（7）声束入射点偏移。

4.3.1　声束传输时间引起的深度测量误差

在近表面区域，TOFD 技术的深度测量不准确，分辨力也差。由于在近表面区域内衍射波传输路径几乎是水平的，时间上一个很小的测量误差就会导致深度上一个较大的误差。TOFD 技术的深度测量误差随着接近表面而迅速增大。

例题 1　衍射点位于两探头连线的中心线上，设声速为 6 mm/μs，已知两探头中心距为 80 mm，计算衍射点深度 1 mm、2 mm、4 mm 的信号传输时间。

解：由公式 $t = 2(S^2 + d^2)^{1/2}/c$，得

$d = 1$ mm，$t_1 = 2(40^2 + 1^2)^{1/2}/6$ μs = 13.337 4 μs；

$d = 2$ mm，$t_2 = 2(40^2 + 2^2)^{1/2}/6$ μs = 13.349 9 μs；

$d = 4$ mm，$t_4 = 2(40^2 + 4^2)^{1/2}/6$ μs = 13.399 8 μs。

由计算结果可知，深度 2 mm 与 1 mm 的衍射信号传输时间差仅为 0.012 5 μs；深度 4 mm 与 2 mm 的衍射信号传输时间差仅为 0.049 9 μs，由于深度变化的时间增量太小，一点点时间误差就会导致大的深度误差。

4.3.2　轴偏移引起的深度测量误差

非平行扫查时，如果缺陷不是位于两探头之间的中心位置，会导致深度测量出现误差。如图 4.13 所示，设裂纹尖端偏离两个探头中心距离为 X，则传输时间（忽略楔块延时）可用下式表示：

$$t = (L + M)/c$$

声程：

$$ct = [(S + X)^2 + d^2]^{1/2} + [(S - X)^2 + d^2]^{1/2} \tag{4.4}$$

这是一个椭圆方程，两探头的声束入射点为椭圆的两个焦点。声程 ct 在数学上的意义为两个焦点与椭圆上任意点的连线的长度，是一个常数。由于在非平行扫查中衍射点偏离

中心的位置是不确定的,因此得到的深度会有误差。在 ct 为恒定的情况下,最大深度 d_{max} 是 $X=0$ 的直线与椭圆的交点（即图 4.13 中 F 点）,最小深度 d_{min} 是超声波声束的边缘与椭圆的交点(即图 4.13 中 E 点)。

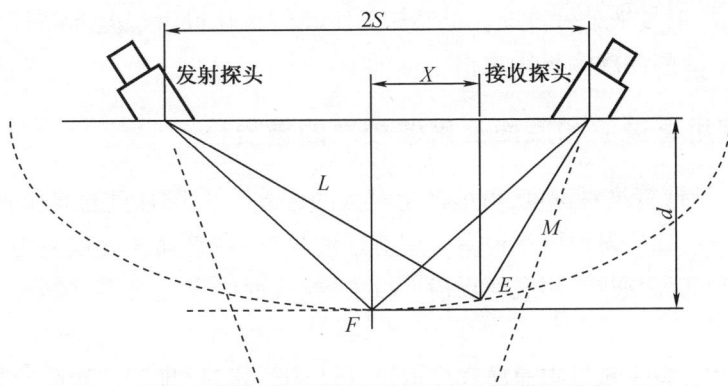

图 4.13　轴偏移引起的深度测量误差

由缺陷位置的轴偏移引起的深度测量误差大小同时还与深度、探头中心间距和探头特性有关。当声束中心指向某一深度时,在此深度超声波声束边缘的深度误差大约为 8%。所以,对于焊缝根部腐蚀扫查,如果探头对着底面,则声束边缘的深度误差是 8%,即

$$\frac{d_{max} - d_{min}}{d_{min}} = 8\%$$

例如,工件厚度 50 mm,对于焊缝根部腐蚀扫查,底面的轴偏移反射体深度误差最大值为 4 mm。一般轴偏移缺陷的深度测量绝对误差可以达到几毫米。对于 V 形坡口,如果从焊缝宽度大的一面进行扫查,焊缝底部通常处于两探头的中间,因此误差很小;即使从焊缝宽度小的一面进行扫查,焊缝体积内的缺陷深度误差大部分也小于 3%。对于 X 形坡口,其熔合线和热影响区误差可能较大,但焊缝体积内的深度误差大部分小于 1%。如果使用大的探头中心距,声程增大,可以减小误差。

另外需要说明的是,轴偏移误差对缺陷高度测量影响不大,因为当缺陷上尖端和下尖端衍射的轴偏移误差可以相互抵消。如果缺陷相当小,缺陷上端和下端的误差值可能非常接近,则自身高度能够精确测量。

跨越焊缝的平行扫查不存在轴偏移误差。由此可以看出为什么平行扫查对于精度要求高的深度尺寸测量来说是重要的,因为在这种情况下,总可以找到这一点,在缺陷尖端位于两个探头中心时进行测量。

4.3.3　探头中心距引起的深度测量误差

计算探头距离的变化或者误差所带来的影响,根据 TOFD 基本公式:

$$d^2 = (c/2)^2 (t)^2 - S^2$$

对 d 和 S 微分:

$$d\delta d = -S\delta S$$
$$\delta d = -S\delta S/d \qquad (4.5)$$

由式(4.5)可见,在探头中心距一定的情况下,误差 δS 对深度测量有很大影响。而且对越接近表面的缺陷,深度测量误差越大。由于深度测量的误差过大,实际检测时,需要利用直通波和底面波信号来进行校准。虽然探头距离的变化或者误差 δS 对深度测量准确性影响很大,但是对缺陷高度测量影响很小。

4.3.4 使用直通波和底面反射波校准的重要性

以 PCS 为基础计算绝对深度,可能产生很大的误差。而相对直通波和底面反射波进行时间测量时,深度计算的误差要小得多。用直通波校准,在直通波处误差为零,随着深度增加误差缓慢增加。反之亦然,用底面反射波校准,在底面的误差为零,随着深度减小误差缓慢增加。

在实际工作中,应先测量直通波和底面反射波的位置,并且用已知的 PCS 和壁厚 D,计算速度和楔块延时,这些参数是计算尖端信号深度时要使用的。为了保证校准有效,直通波和底面波的测量点必须在端点信号附近,如图4.14所示。这是由于探头中心距的变化或者其他形式的误差,有可能导致在 A 扫描中的信号传输时间变短或变长。

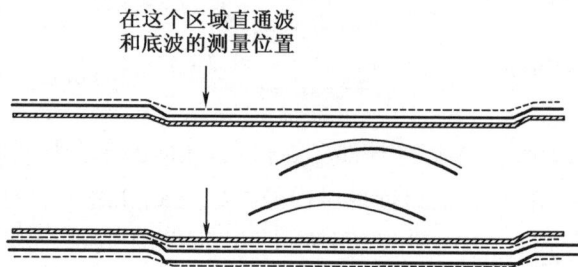

图 4.14 PCS 变化时测量直通波和底面反射波的位置

4.3.5 耦合剂厚度变化引起的深度测量误差

超声波在耦合剂中的传输速度远小于在金属中的传输速度,如果绝对深度用端点信号到达的时间来测量,则深度将会变大。如果测量的时间是相对于直通波的时间(直通波的位置应该从耦合剂开始发生变化的位置进行测量),可以使误差降低。

超声波在耦合剂中传输的路径如图4.15所示,探头离开金属或者耦合剂的厚度变化,可能会使直通波信号出现明显的移动,看起来像表面开口缺陷,或者难以辨别是否有缺陷。因此,在设计扫查器时应注意使探头能够平滑地移动。

如果因耦合剂厚度的变化导致直通波随时间上下移动,可以采用软件工具对直通波进行拉直处理,从而使测量缺陷深度变得容易,也更加准确。但是,如果怀疑有上表面开口缺陷,则必须拉直底面反射波,因为此时如果拉直直通波,可能会使缺陷的下尖端变成直通波,从而无法分辨缺陷。

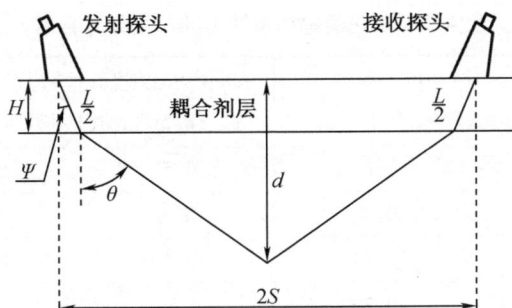

图 4.15　超声波在耦合剂中传输的路径

4.3.6　声速引起的深度测量误差

当被检工件中的声速与预期的不同时,采用绝对深度计算公式就会造成误差。如果直通波和底面反射波的扫查距离达到一定长度,则可用直通波和底面反射波自校准,校准后声速误差大部分会被消除。声速误差控制可通过程序以及推荐使用与工件相同材料的参考试块来控制。

4.3.7　其他误差

除上述产生误差的主要因素以外,还有许多次要因素会产生一些小误差,它们对总的误差也会产生影响,这些因素包括:

(1)探头的改变;

(2)探头角度的变化;

(3)探头倾斜;

(4)超声波衰减;

(5)衍射角度;

(6)角速度的变化;

(7)检测表面不平整;

(8)入射点偏移。

次要因素产生的误差大部分是脉冲形状改变而引起的。从一个回波到另一个回波的测量时间也会有微小误差。一般来说,次要因素引起的误差比主要因素引起的误差要小一些。

4.3.8　深度测量总误差

上面列出的所有误差对总的深度测量精度都有影响,每个误差的平方和再开方所得到的就是深度测量精度。表 4.2 所列的是设 D 为 40 mm,PCS 为 90 mm,探头角度为 60°,数字化频率为 50 MHz,且假设声速和楔块延时已经根据直通波和底面反射波的位置校准过,从而计算出来的误差数据。

表 4.2　独立误差和总误差的一组计算数据

深度/mm	时间误差 $\delta_t = 0.01 \ \mu s$	PCS 误差，$\delta_s = 1$ mm	表面不平误差，$\delta_h = 0.5$ mm	耦合剂深度误差，$\delta_H = 0.5$ mm	总误差/mm
2	0.67	0.02	0.5	0.00	0.84
5	0.27	0.06	0.5	0.00	0.57
10	0.14	0.11	0.5	0.01	0.53
20	0.07	0.22	0.56	0.03	0.61
40	0.04	0.44	0.75	0.04	0.87

　　由于声束传输时间误差的影响，TOFD 技术的最大的深度误差发生在上表面处，随着深度的增加，误差逐渐变小。而其他因素引起的误差，在上表面的误差较小，随着深度的增加而逐渐增大。图 4.16 所示为深度方向上的总误差。在上表面总误差很大，下降到 10 mm 深度时，误差值降到最小，此后随着深度的增加误差逐渐增大。除了上表面附近的 3 ~ 4 mm 深度误差很大以外，在深度方向上总的误差都在 1 mm 以下，所以 TOFD 技术在深度方向上的尺寸测量精度是 ± 1 mm。

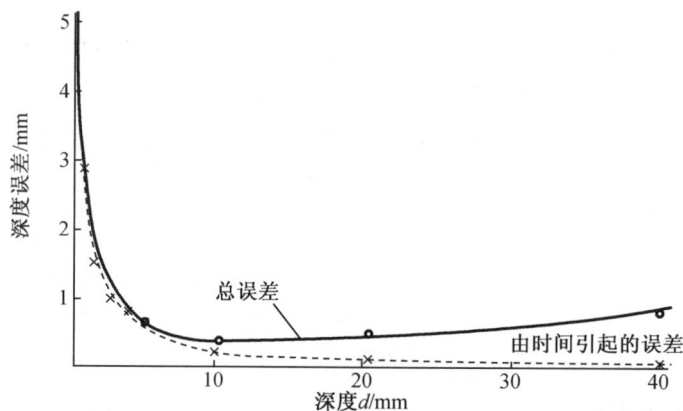

图 4.16　深度方向上的总误差

4.4　TOFD 测量精度

4.4.1　TOFD 信号测量的精度

　　TOFD 信号测量的精度是指测量信号到达时间的准确性。由于 TOFD 技术是利用衍射信号时差来测定衍射点深度位置的，而缺陷高度又是通过测量上下端点衍射信号时差来确定的，因此也可以说，TOFD 技术的测量精度是指测量缺陷深度和高度的准确性。

与脉冲反射法相比,TOFD 技术的优点之一是对缺陷深度和高度的测量非常准确。理论上用超声波信号测量缺陷高度尺寸的精度大约是 0.1 个波长。对频率为 5 MHz 的探头,0.1 个波长约为 0.1 mm。换算成传输时间,时间间隔大约为 0.017 μs,一般认为,这是 TOFD 测量所能达到的最高精度。实际测量时,由于各种误差的存在,往往达不到这一精度。

需要强调的是,在 TOFD 技术中,要想进行精确的尺寸测量,必须参照直通波和底面反射波来测量信号的时间。保证缺陷深度和高度测量精度的前提是选择正确的信号取值点。但即使测量点选择正确,在不同区域或不同位置上,TOFD 技术的测量精度也是不同的。TOFD 信号测量精度除了与测量点位置的选取有关外,还与数字化采样频率有关。采取以下措施,不仅可以减小近表面盲区,而且能提高测量精度:

(1)减小 PCS;

(2)增加数字化频率;

(3)使用更高频率的探头;

(4)使用短脉冲宽频带的探头。

4.4.2　TOFD 信号测量点位置的选取

TOFD 信号位置测量可以在 A 扫描信号上进行,也可以在图像上进行。在图像上进行测量的优点是方便快捷,在实际工作中,面对大量信号,如不需要很高精度,则快速测量通常是在图像上进行。当需要仔细分析和研究信号时,应结合图像在 A 扫描信号上选择位置进行测量,这样可以达到更高精度,同时可以获得更多信息。

为了得到最准确的深度值,必须仔细选择以 A 扫描信号上的哪一位置作为信号的到达时间。测量信号有 3 种选择:

(1)测量信号的起始点,即前沿(图 4.17 的 X),对应图像中的位置则是信号色带的上缘。

(2)测量信号的峰尖(图 4.17 的 Y),对应于图像中白色带或黑色带的中间。

(3)测量信号第一个半周与时间轴的交点,即信号由正变负的那一点(图 4.17 的 Z),对应于图像中色带由白变黑或由黑变白的界限。

使用交点法测量信号应注意以下规则:如果直通波信号以正半周开始,时间读数取值点就选在该信号第一个半周的由正变负的那一点。由于底面反射波的信号相位与直通波相反,按照常取值点应选在第一个负半周的由负变正的那一点,但底面反射信号周期有时变得很多,信号发生紊乱,有时选取底面反射波的第二个波起点测量更准确(图 4.17 的 W)。测量裂纹尖端衍射信号时,则选取第一个负半周的由负变正的那一点位置作为裂纹顶端的时间读数取值点,选取第一个正半周的由正变负的那一点位置作为裂纹下端点的时间读数取值点。

信号位置测量可以从上述 3 种方法中任选,关键是反复实践熟练掌握,验证测量准确性最方便的试验是测量试块厚度,精确度应达到 0.1 mm。

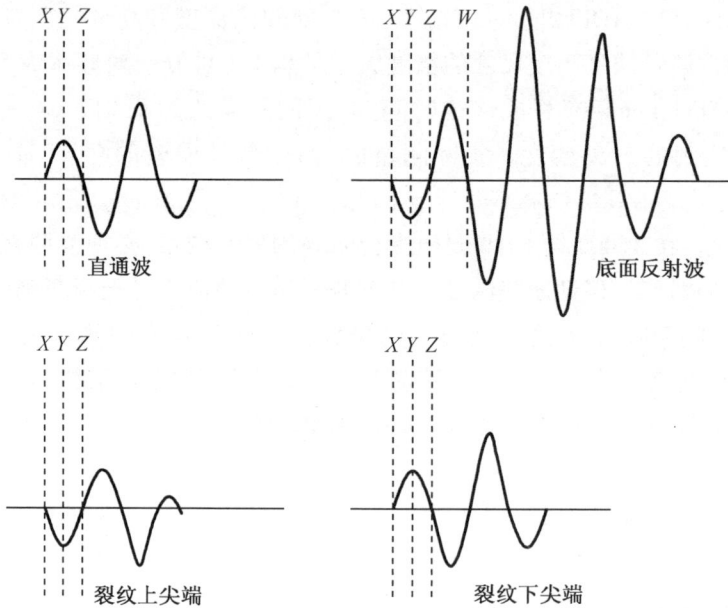

图 4.17　测量不同信号到达时间的取值点位置

选择测量位置有时会遇到困难。例如：TOFD 图像的灰度是由 A 扫描信号的幅度转换得到的,由于图像中白色带或黑色带有一定宽度,所以在 TOFD 图像中测量,有时找不准 A 扫描的峰值。另一种情况是在 A 扫描信号上测量,有些信号前半周期微弱,无法确定是信号的前沿还是噪声。还有一种情况是底面反射信号经常会饱和,采集不到底面反射波的峰尖。遇到上述情况时,可通过图像与 A 扫描信号的对照,以及改变信号测量位置等方法予以解决。

4.4.3　数字化采样频率对 TOFD 测量精度的影响

影响信号测量精度的另一因素是数字化采样频率。图 4.18 中数字化采样频率是信号频率的 2 倍,也就是每一个周期进行 2 次采样。这样的采样频率能够保证重建的数字波形频率不失真,却不能保证波形和波幅不失真。重建后的 A 扫描波形与模拟信号存在较大不相似度,峰值点位置存在偏差 $\Delta 1$,信号与横轴的交点位置存在偏差 $\Delta 2$,因此在仅满足奈奎斯特极限的数字化采样频率(例如采样频率是信号频率的 3 倍)所采集的数据重建的 A 扫描图形上测量,即使测量位置选择是正确的,也不能得到准确的信号到达时间。由此可见,数字化采样频率低会影响信号测量精度。

TOFD 信号的数字化频率至少应是信号频率的 5 倍。选择标称频率 5 倍的数字化采样频率,即每个信号周期采集 5 个样本,可以使峰值信号的平均误差在 10% 以内。数字化采样频率越高,A 扫描波形或 TOFD 图像精度就越高,重建的 A 扫描图形的峰尖或信号与横轴的交点位置和模拟信号的相似程度也就越高,测量的结果也就越精确。

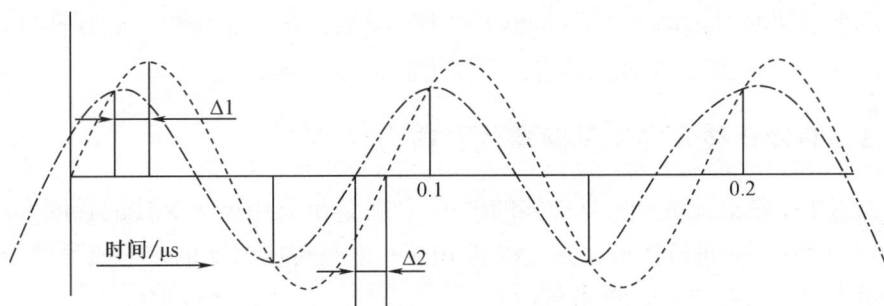

图 4.18　数字化采样频率对测量精度的影响

4.5　TOFD 技术的分辨力

4.5.1　分辨力的定义

分辨力与精度是两个不同的概念。精度是指测量信号到达时间的准确性。而分辨力是指能够识别的两个信号到达的时间间隔,或其所能代表的最小距离,这种分辨力称为纵向分辨力,也称时间分辨力、距离分辨力或深度分辨力,如图 4.19 所示。

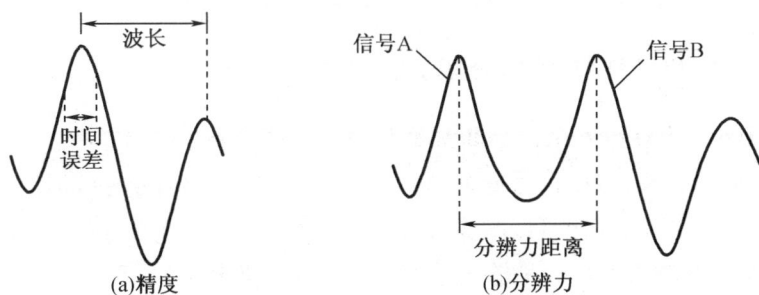

图 4.19　精度和分辨力图解

分辨力决定了 TOFD 系统所能分辨的缺陷高度尺寸的极限,典型的情况是分辨一个小裂纹的顶部和底部衍射信号的到达时间或距离。

TOFD 系统的纵向分辨力取决于脉冲信号的持续时间。通常一个脉冲包含几个周期,其时间分辨力就是这几个周期的时间,其距离分辨力就是这段时间超声波的传输距离,也就是几个波长的长度。

TOFD 探头的脉冲周期数对分辨力的影响很大。探头发出的超声脉冲周期数越少,信号储蓄时间就越短,分辨力就越高。对 TOFD 探头周期数提出严格的要求:探头发出的超声脉冲应为一个半周期,且在脉冲的头尾端的半周期不大于主半周期波高的 −6 dB。如果以返回信号 10% 波幅来测量,直通波和底面反射波的脉冲长度应不超过 2 个周期。

TOFD 探头的频率对分辨力影响也很大。频率提高,一个信号周期的时间也就减少了。

在脉冲周期数的情况下，频率 5 MHz 的脉冲信号的持续时间只是频率 1 MHz 的脉冲信号的持续时间的五分之一，所以前者比后者的分辨力高很多。

4.5.2 TOFD 技术在不同深度的分辨力

为了获得上下端点能区分的反射体的最小尺寸，其量值用声学脉冲的长度来确定。如果 t_p 是声学脉冲长度的时间（最大到振幅的 10%），t_d 是深度为 d 的衍射信号的传输时间，则深度分辨力 R 可以按下式计算出来：

$$R = \sqrt{[c(t_d + t_p)/2]^2 - S^2} - d \qquad (4.6)$$

使用 5 MHz 探头检测 40 mm 厚的试样，探头中心距 100 mm。脉冲宽度分别取中心频率的两个和一个全周期，即 0.4 μs 和 0.2 μs，不同深度的分辨力的计算结果见表 4.3。

表 4.3 不同深度的分辨力的计算结果

深度/mm	5	10	20	40
脉冲宽度取两个周期的分辨力/mm	7.1	5.0	3.0	1.9
脉冲宽度取一个周期的分辨力/mm	4.22	2.70	1.55	0.95

分辨力随着深度的增加而提高，减少探头中心距或者减小脉冲宽度可以改善分辨力。当 TOFD 检测工件表面及近表面时，相邻反射体分辨力急剧下降。

4.5.3 提高 TOFD 技术的分辨力的措施

提高分辨力对 TOFD 技术来说是非常重要的。提高措施主要有：

（1）使用短脉冲探头，减少信号脉冲周期数，从而减少脉冲信号持续时间。

（2）提高探头的频率，同样可以减少脉冲信号持续时间；但探头频率提高受限于工件厚度和衰减的大小。有时为了得到足够大的声束扩散角需要降低频率。

（3）改变探头中心距，探头中心距越小，对缺陷的分辨力越高；但探头中心距减小会导致声束覆盖范围降低。

（4）用底部以后的信号来观察近表面缺陷信号，这与较深处的缺陷分辨力较高的道理是相同的。

（5）采用偏置扫查或平行扫查。

综 合 训 练

一、选择题

1. TOFD 深度尺寸测量准确度误差的平均值大约为（   ）。

A. 1 mm   B. 0.1 mm

C. 0.01 mm   D. 无法给出数值

2.以下关于 TOFD 技术局限性的叙述,错误的是(　　　)。

A.近表面深度分辨力不高

B.近表面信号淹没在直通波内导致漏检

C.在进行非平行扫查时底面存在盲区

D.在进行平行扫查时底面存在盲区

3.以下关于 TOFD 技术近表面深度测量误差的叙述,错误的是(　　　)。

A.近表面深度测量,时间上一个很小的误差会给深度带来很大的误差

B.近表面深度测量,深度上一个很小的误差会给时间带来很大的误差

C.减小探头中心距可以改善近表面区域的分辨力

D.增加探头频率可以改善近表面区域的分辨力

4.以下关于直通波的盲区的叙述,错误的是(　　　)。

A.探头脉冲周期减少可以减小直通波盲区

B.如果 PCS 减小,则直通波盲区减小

C.增加探头频率可以减小直通波盲区

D.减小探头晶片尺寸可以减小直通波盲区

5.使用宽带探头,可以(　　　)。

A.提高缺陷长度的测量精度　　　　　　B.加大声束扩散角

C.减小直通波盲区　　　　　　　　　　D.增大超声能量

6.轴偏离底面盲区(　　　)。

A.随探头折射角减小而减小,随焊缝宽度的增大而增大

B.随探头折射角减小而增大,随焊缝宽度的增大而增大

C.随探头折射角减小而减小,随探头脉冲宽度减小而减小

D.随探头折射角减小而增大,随探头脉冲宽度减小而增大

7.轴偏移深度测量误差(　　　)。

A.严重影响缺陷高度的测量精度

B.严重影响 V 形坡口根部缺陷的检出

C.只在非平行扫查中存在

D.只在平行扫查中存在

8.深度分辨力与以下哪一因素无关?(　　　)

A.缺陷深度　　　　　　　　　　　　　B.信号脉冲的长度

C.探头中心距　　　　　　　　　　　　D.晶片尺寸

9.探头中心距的误差(　　　)。

A.对缺陷深度测量精度影响很大

B.对缺陷高度测量精度影响很大

C.对缺陷长度测量精度影响很大

D.对缺陷偏离轴线位置的测量精度影响很大

10. 校准探头中心距的有效方法是(　　)。

A. 用高精度的长度尺反复测量

B. 用专用的激光测距仪反复测量

C. 测量标准试块上不同深度反射体的信号到达时间

D. 测量直通波或者底面反射波信号尖端信号到达的时间

11. 以下关于耦合剂厚度变化对缺陷深度测量误差影响的叙述,正确的是(　　)。

A. 为减小缺陷深度测量误差,必须仔细测量出所使用的耦合剂厚度

B. 如果缺陷信号测量的时间是相对直通波的时间之差,则耦合剂引起的缺陷深度测量误差很小

C. 如果缺陷信号测量时间是采用端点信号到达绝对深度的时间,则耦合剂引起的测量误差很小

D. 以上叙述都是错误的

12. TOFD 对埋藏缺陷的分辨力(　　)。

A. 随着深度的增加而提高

B. 随着探头中心距减小而提高

C. 随着脉冲宽度的减小而提高

D. 以上都对

13. TOFD 技术测量埋藏缺陷长度的精度(　　)。

A. 随着缺陷埋藏深度的增加而降低

B. 随着探头中心距的增大而降低

C. 随着脉冲宽度的增大而降低

D. 以上都对

14. 以下对弯曲形底面开口裂纹测量长度的叙述,正确的是(　　)。

A. 由于缺陷轮廓与底面不平行,很难得到好的拟合结果

B. 由于缺陷末端的信号有时看不到,使拟合难以进行

C. 当抛物线指针与缺陷信号不能全部拟合时,应优先与信号顶部拟合

D. 当抛物线指针与缺陷信号不能全部拟合时,应优先与缺陷的 1/3 信号末端拟合

15. 以下有关 TOFD 检测分辨力的说法,哪一条是正确的?(　　)

A. 随着深度的增加而提高

B. 随着探头频率提高而提高

C. 随着超声脉冲宽度的减小而提高

D. 以上都对

16. 采用 5 MHz、$\phi 5$ mm 晶片尺寸的 TOFD 探测壁厚 $t=40$ mm 的工件,以下哪种角度的楔块可提供更佳的深度分辨力?(　　)

A. 70°　　　　　　　　　　B. 60°

C. 50°　　　　　　　　　　D. 40°

17. 对底面有余高的 X 形坡口双面焊缝,焊缝余高对底面盲区的影响是(　　)。

A. 焊缝中心处和熔合线处的盲区高度都增大

B. 焊缝中心处和熔合线处的盲区高度都减小

C. 焊缝中心处盲区高度增大而熔合线处的盲区高度减小

D. 焊缝中心处盲区高度减小而熔合线处的盲区高度增大

18. 减小深度测量误差最有效的方法是(　　　)。

A. 选择最好的仪器和探头

B. 精确设定 PCS

C. 仔细校准直通波和底面反射波的到达时间

D. 正确选择信号测量点

19. 以下关于 TOFD 技术深度分辨力的叙述,哪一条是错误的?(　　　)

A. 深度分辨力是指两个信号之间最小分辨距离

B. 探头脉冲长度越小深度分辨力越高

C. 深度越大深度分辨力越高

D. 探头中心距越大深度分辨力越高

20. 以下关于用抛物线指针测量缺陷长度的叙述,哪一条是正确的?(　　　)

A. 缺陷越近,缺陷长度的测量越准确

B. 探头频率越高,缺陷长度的测量越准确

C. 探头角度越大,缺陷长度的测量越准确

D. 探头中心距设置越大,缺陷长度的测量越准确

21. 以下有关 TOFD 信号到达时间精度的叙述,哪一条是错误的?(　　　)

A. 理想精度大致是波长的 0.1 倍,在钢中精度达到 0.1 mm

B. 提高采样频率,有利于提高时间精度

C. 提高探头频率,有利于提高时间精度

D. 降低扫描速率,有利于提高时间精度

22. 所谓 TOFD 技术的分辨力是指(　　　)。

A. 纵向分辨力　　　　　　　　　B. 时间分辨力

C. 距离分辨力　　　　　　　　　D. 上述都对

23. 以下有关 TOFD 技术的分辨力的叙述,哪一条是错误的?(　　　)

A. 分辨力是指能够识别的两个信号所代表的最小距离

B. 减少发射脉冲长度,有利于提高分辨力

C. 提高探头频率,有利于提高分辨力

D. 降低扫描速率,有利于提高分辨力

24. 以下哪一因素与 TOFD 信号测量精度无关?(　　　)

A. A 扫描信号的测量点的选择　　B. 数字化采样频率

C. 超声信号频率　　　　　　　　D. 扫查步进增量

二、简答题

1. 什么是 TOFD 检测的近表面问题? 为什么在近表面区域应用 TOFD 技术的效果特别差?

2. 直通波盲区的大小与哪些因素有关? 采取哪些措施可以减小直通波盲区?

3. 用公式计算直通波盲区为什么不够准确? 确定直通波盲区最可靠的方法是什么?

4. 什么是轴偏离底面盲区? 产生此盲区的原因是什么? 实际检测时如何减少此盲区对缺陷检出的影响?

5. 焊缝底面的余高对底面盲区有哪些影响?

6. 什么是 TOFD 信号测量精度? 理论上的 TOFD 信号测量精度一般认为可达到多少?

7. A 扫描信号的测量点与 TOFD 图中的位置是如何对应的?

8. TOFD 技术的测量误差包括哪些项目?

9. 导致 TOFD 技术产生深度测量误差的主要因素有哪些?

10. 为什么越接近表面,TOFD 技术的深度测量误差增大越迅速?

11. 什么是 TOFD 检测技术中的分辨力,提高分辨力的方法有哪些?

12. TOFD 系统的纵向分辨力受哪些因素影响? TOFD 系统的分辨力大致为多少?

13. 分辨力与深度有怎样的关系?

三、计算题

1. 设声速 $c = 5.95$ mm/μs,探头中心距 PCS 为 100 mm,直通波脉冲时间宽度 T_P 为一个半周期,试计算频率 5 MHz 探头的上表面盲区的深度。

2. 使用 5 MHz、60°探头检测 60 mm 厚的焊缝,声束交点深度选在 48 mm,要求检测的底面宽度范围是焊缝中心线两侧各 30 mm,试计算底面轴偏离盲区。

3. 声速为 5.95 mm/μs,探头频率为 5 MHz,如果取数字化采样频率为探头频率的 5 倍,时间误差为数字化采样间隔的一半,当要求深度为 2 mm 时,深度测量误差不得超 1 mm,则 PCS 应为多少?

4. 对厚度为 50 mm 的试板进行 TOFD 检测,已知探头频率 $f = 5$ MHz,探头中心距 PCS 为 120 mm,如果直通波持续时间为两个周期,则直通波的盲区为多少?(声速 $c = 5.95$ mm/μs)

5. 对厚度为 50 mm 的试样进行 TOFD 检测,探头频率 $f = 5$ MHz,探头中心距 PCS 为 110 mm,脉冲长度为中心频率的两个周期,试计算深度为 5 mm、20 mm 和 40 mm 的分辨力($c = 5.95$ mm/μs)。

第5章 TOFD 技术的工艺参数选择

学习目标

1. 通过学习探头的选择,分析探头参数变化对检测效果的影响,合理地选择探头角度、频率和晶片尺寸。

2. 结合行业标准,根据检测工件的厚度和需要覆盖的范围,确定扫查次数。

3. 记忆 TOFD 检测增益的设置方法,根据被检工件厚度选择合理的增益设置方法校准。

4. 通过学习 TOFD 检测的主要步骤,掌握操作要点和主要技术指标要求。

工艺是指将原材料或半成品加工成产品的过程中采用的方法和技术。无损检测工艺则是指对被检测对象进行检测过程中采用的方法和技术。在实施 TOFD 检测过程中,工艺参数的选择十分重要。科学的工艺参数是检测质量和可靠性的保证,反之,错误或不合理的工艺参数将导致检测质量低劣或失败。一般来说,工艺参数的依据主要是标准,也可以是成熟的经验,或者是科学试验的结论。

5.1 探头的选择

5.1.1 探头角度的选择

选择探头角度需要考虑的是工件厚度、分辨力、深度测量精度和扫查覆盖范围。选择探头角度首先要考虑的就是工件厚度,探头角度越大,探测声程越长,声波衰减也越大,对厚工件不能使用大角度探头。

TOFD 技术的非平行扫查要求执行 $2t/3$ 法则,探头角度影响 PCS。PCS 值又影响直通波与底面反射波之间的时间差,进而影响检测的深度分辨力。存在以下关系:探头角度越小,PCS 值越小,直通波与底面反射波的时间间隔越大,沿时间轴的信号的分辨力就越高,深度测量的精度也就越高。

直通波与底面反射波之间的时间间隔 Δt 的计算公式为

$$\Delta t = \frac{2 \cdot \sqrt{(S^2 + D^2)}}{c} - \frac{2S}{c} \tag{5.1}$$

例如:检测厚度 40 mm 工件,探头聚焦深度在 $2t/3$ 时,直通波与底面反射波的时间范围见表 5.1,从表中可以看出在 45°、60°、70°三种折射角度,以 45°探头的时间差最大,分辨力最好。

表5.1　直通波与底面波的时间范围

项目	金属中的折射角		
	45°	60°	70°
PCS/mm	48	83.2	132.0
直通波到达时间/μs	8.1	13.0	22.2
底面反射波到达时间/μs	15.7	19.4	25.9
时间间隔/μs	7.6	5.42	3.8

TOFD探头的声束扩散范围与探头角度、晶片尺寸和频率有关。计算表明,在上边界没有达到90°以前,探头折射角越大,声束扩散范围越大。当上边界角达到90°以后,这一关系就不能成立。如果探头的频率较低,晶片尺寸较小,使用折射角60°楔块的上边界角已达到90°,这时如果进一步将楔块折射角增大到70°,声束覆盖范围反而减小。例如同样是晶片尺寸 φ3 mm、频率5 MHz的探头,折射角60°的声束上下边界角是90°和35.6°,折射角70°的声束上下边界角是90°和42°,后者的声束覆盖范围小于前者。但大多数情况下,70°和60°探头比45°探头的声束覆盖范围要大。大角度探头能够覆盖更大范围,所以初次扫查更多是使用60°到70°探头。

选择大角度探头必须注意两个问题。第一,最优的衍射角度就在60°到70°之间,折射角为65°时,上尖端信号与下尖端信号波幅均为最大。且该区间的分辨力也比较好,所以折射角大于70°的探头一般不采用;第二,探头角度大 PCS 也大,对厚工件,声程很长导致信号幅度的衰减很大,使检测变得困难。探头角度对各检测参数的影响见表5.2。

表5.2　探头角度对各检测参数的影响

减少探头角度	增加探头角度
PCS 减少	PCS 增大
分辨力提高	分辨力降低
深度误差减小	深度误差增大
衍射信号波幅增加	衍射信号波幅减少
声束扩散角减少	声束扩散角增加

5.1.2　探头频率的选择

探头脉冲信号持续时间越短,分辨力越高,而信号时间取决于信号振动周期数和信号频率。TOFD技术要求采用短脉冲探头,信号振动周期一般不超过两个,缩短信号时间的有效措施就是提高频率。

在 TOFD 检测中,要求直通波和底面反射波之间的时间间隔远远大于信号周期。以表

5.1 中 60°探头检测 40 mm 厚工件的情况为例,直通波和底面反射波的时间间隔是 5.42 μs,对于 1 MHz 的探头,一个振动周期时间是 1 μs,则直通波和底面反射波的时间间隔只有 5 个信号周期,这是不够的。如果将探头频率提高到 5 MHz,一个振动周期时间是 0.2 μs,则直通波和底面反射波的时间间隔有 27 个周期,就能够达到满意的效果。

直通波和底面反射波的时间间隔包含的信号周期数越多,深度分辨力就越高。要获得高分辨力最好要达到 30 周期。通过增加频率可以很容易增加周期数,但衰减和噪声也随之增大;更不利的是声束扩散也将减小,所以不能一味增加频率。表 5.3 列出兼顾分辨力和噪声的探头频率,在实际工作中,如果工件中的衰减高于正常值时,探头频率可能还要进一步减少。

表 5.3　TOFD 检测中推荐的探头选择

工件壁厚/mm	标称频率/MHz	声束角度/(°)	晶片直径/mm
12 ~ 15	15 ~ 7	70 ~ 60	2 ~ 4
15 ~ 35	10 ~ 5	70 ~ 60	2 ~ 6
35 ~ 50	5 ~ 3	70 ~ 60	3 ~ 6

关于探头频率变化导致的后果见表 5.4。

表 5.4　探头频率变化导致的后果

提高频率导致的后果	降低频率导致的后果
波长变短	波长变长
分辨力提高	分辨力降低
声束扩散减小	声束扩散增大
晶粒噪声增大	晶粒噪声降低
穿透力降低(衰减大)	穿透力增大(衰减小)
近场长度增加	近场长度减小

5.1.3　探头晶片尺寸的选择

对于非平行扫查一般需要选用小尺寸的探头以便获得大的覆盖区域。表 5.5 给出了频率 5 MHz,不同晶片尺寸探头的 -12 dB 扩散角。减小晶片尺寸可显著增大声束扩散角,例如,3 mm、60°探头的声束范围比 6 mm、70°探头的声束范围还要大一些,以前者取代后者,不仅覆盖范围大,还可减小 PCS 和提高深度分辨力。

表5.5 频率5 MHz,不同晶片尺寸探头的 −12 dB 扩散角

角度/(°)	在钢中声束的扩散角/(°)			
	$D = 3$ mm	$D = 6$ mm	$D = 10$ mm	$D = 15$ mm
45	25.53 ~ 75.5	35.0 ~ 57.0	38.8 ~ 51.8	40.8 ~ 49.9
60	35.59 ~ 90.0	47.3 ~ 84.0	51.9 ~ 70.6	55.5 ~ 66.5
70	41.99 ~ 90.0	55.0 ~ 90.0	59.6 ~ 90.0	62.6 ~ 82.1

晶片尺寸小有利于与工件良好接触,在大曲率薄壁工件,例如管道焊缝的检测中,小晶片探头的使用效果会更好一些。但小尺寸晶片发出的超声脉冲能量减小,因此探测厚焊缝需要使用大晶片探头,小晶片探头只能用在薄板焊缝或厚壁焊缝最上一层扫查区。对于平行扫查,如果重点检测部位的大概深度已知,就不用过分强调声束扩展,可以选择大一些的晶片。

关于探头晶片尺寸变化对检测参数的影响见表5.6。

表5.6 探头晶片尺寸变化对检测参数的影响

减小探头晶片尺寸导致的后果	增加探头晶片尺寸导致的后果
输出能量降低	输出能量增大
声束扩散度增加	声束扩散度减小
近场长度降低	近场长度增加
与工件接触面减小	与工件接触面增大

5.1.4 探头选择的小结

正确选择探头是非常重要的,因为合格的超声波信号是成功检测的重要因素。用于TOFD检测的探头应是宽频带和短脉冲的,所产生的直通波的脉冲长度以波幅满屏高度的10%测量应不超过两个周期。

探头选择的主要参数是:频率、晶片尺寸和折射角。首先必须考虑有足够的功率和信噪比来获取信号,即选择较大的晶片尺寸和较低的频率,但这需要与声束扩散,以及时间分辨力一起综合考虑。从保证分辨力的角度来选择探头的频率有一个准则,就是直通波和底面反射波信号的时间窗口应达到20个信号周期。此外,工件的衰减特性和是否属粗晶结构也是选择探头频率需要考虑的。

对薄工件检测,分辨力要求高而穿透力要求低,可以选择大角度、高频率和小尺寸晶片;随工件厚度增大,分辨力要求逐渐降低而穿透力要求逐渐提高,因此探头的角度逐渐减小,频率逐渐降低,晶片逐渐增大。

对粗晶材料实施检测应选择低频率探头;而对大曲率薄壁工件检测,应选择高频率、小晶片尺寸、较大角度的探头。如欲提高检测效率,获得更大的声束覆盖范围,就应选择更低频率、更小晶片尺寸的探头。如欲获得更高的检测精度和深度分辨力,就应选择更高频率、更小角度、更短脉冲的探头。

5.2　扫查次数的选择

对于 TOFD 检测来说,扫查次数取决于要检测工件的厚度和需要覆盖的范围。显然,用一组探头一次扫查完成检测的效率最高。但对于厚工件,有时需要多对探头分层扫查;对于宽焊缝,有时需要增加偏置非平行扫查,为减少盲区影响有时也要增加扫查次数。

一条焊缝要进行几次扫查主要取决于检测区域是否全部被覆盖。扫查次数多少不仅与检测区域的大小有关,也与 TOFD 声束覆盖范围有关,而后者取决于频率、晶片尺寸和探头角度。改变频率和晶片尺寸将显著改变声束覆盖范围,一个能说明频率和晶片尺寸对声束覆盖范围影响的例子如图 5.1 所示,从图中可以看出 10 MHz、10 mm 晶片和 3 MHz、6 mm 晶片两种探头的覆盖范围的差异有多大。

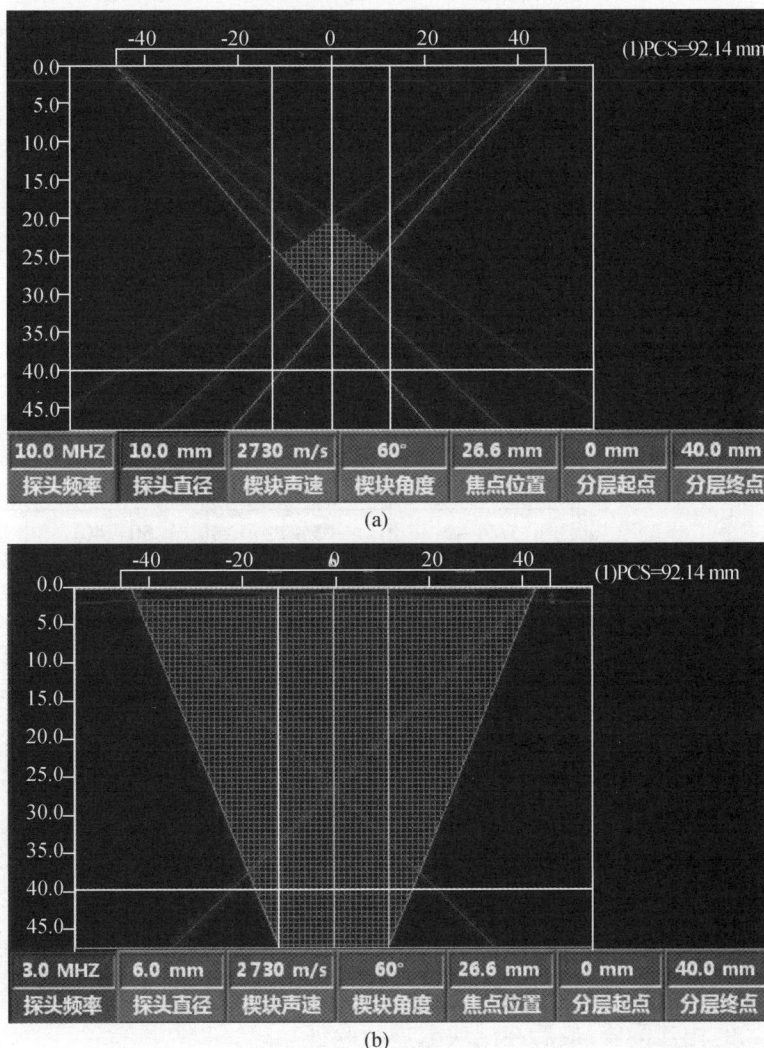

图 5.1　折射角为 60°的不同频率和直径探头的覆盖范围

1. 检测区域的确定

检测区域由其高度和宽度表征。NB/T 47013.10—2015 规定检测区域高度为工件焊接接头的厚度。检测区域宽度为焊缝本身及焊缝熔合线两侧各 10 mm。若对于已发现缺陷部位进行复检或已确定的重点部位,检测区域可缩减至相应部位。

在厚度范围内可分 1 个或几个 TOFD 检测区域,相邻区域内 −12 dB 声束至少有一定的重叠,对上、下表面盲区采取适当的补充检测,对声束不能覆盖的检测区域,应进行辅助检测,并且在检测工艺中注明。确定分层深度时,须考虑探头参数、声束扩散和表面盲区的影响。所分各区域厚度逐渐变化,第一对探头检测的深度范围较小,PCS 也较小;后面探头检测的范围逐渐增大。NB/T 47013.10—2015 对分区检测的规定见表 5.7。

表 5.7　NB/T 47013.10—2015 对分区检测的规定

工件厚度 t/mm	检测分区数	深度范围/mm	标称频率/MHz	声束角度/(°)	晶片直径/mm
12 ~ 15	1	0 ~ t	15 ~ 7	70 ~ 60	2 ~ 4
>15 ~ 35	1	0 ~ t	10 ~ 5	70 ~ 60	2 ~ 6
>35 ~ 50	1	0 ~ t	5 ~ 3	70 ~ 60	3 ~ 6
>50 ~ 100	2	0 ~ $2t/5$	7.5 − 5	70 ~ 60	3 ~ 6
		$2t/5$ ~ t	5 ~ 3	60 ~ 45	6 ~ 12
>100 ~ 200	3	0 ~ $t/5$	7.5 − 5	70 ~ 60	3 ~ 6
		$t/5$ ~ $3t/5$	5 ~ 3	60 ~ 45	6 ~ 12
		$3t/5$ ~ t	5 ~ 2	60 ~ 45	6 ~ 20
>200 ~ 300	4	0 ~ 40	7.5 − 5	70 ~ 60	3 ~ 6
		40 ~ $2t/5$	5 ~ 3	60 ~ 45	6 ~ 12
		$2t/5$ ~ $3t/4$	5 ~ 2	60 ~ 45	6 ~ 20
		$3t/4$ ~ t	3 ~ 1	50 ~ 40	10 ~ 20
>300 ~ 400	5	0 ~ 40	7.5 ~ 5	70 ~ 60	3 ~ 6
		40 ~ $3t/10$	5 ~ 3	60 ~ 45	6 ~ 12
		$3t/10$ ~ $t/2$	5 ~ 2	60 ~ 45	6 ~ 20
		$t/2$ ~ $3t/4$	3 ~ 1	50 ~ 40	10 ~ 20
		$3t/4$ ~ t	3 ~ 1	50 ~ 40	12 ~ 25

2. 合理选择探头参数

PCS、频率、晶片尺寸和角度都会对检测区域内的声束宽度和深度产生影响;根据焊缝厚度确定扫查分区,确定使用几对探头;确定探头的参数:包括每对 TOFD 探头频率、晶片直径、探头角度;根据探头角度和聚焦深度确定每对探头的中心间距;确定以上参数后,再计算邻近探头声场的相互覆盖;最后在试块上进行验证。

以一个焊缝工件为例,来说明声束覆盖与扫查次数的关系。该焊缝厚度 60 mm,宽度 40 mm,检测区域宽度为焊缝本身及焊缝熔合线两侧各 10 mm。焊缝的余高是磨平的,可选择探头有:10 MHz ϕ3 mm $-70°$、10 MHz ϕ3 mm $-60°$、5 MHz ϕ6 mm $-70°$、5 MHz ϕ6 mm $-60°$、5 MHz ϕ6 mm $-45°$。上述探头在钢中的声束边界角见表5.8。

表5.8　探头在钢中的声束边界角

角度/°	−12 dB 声束边界角/(°)	
	10MHz ϕ3 mm	5MHz ϕ6 mm
70	43 ~ 90	55 ~ 90
60	46 ~ 80	47 ~ 84
45	—	35 ~ 57

对于 60 mm 的焊缝,按照 NB/T 47013.10—2015 标准进行 TOFD 检测时,应分为 2 区。第 1 区为 0 ~ 2/5t,即 0 ~ 24 mm,深度较浅,建议使用 70 °探头,可选择的探头有 10 MHz ϕ3 mm $-70°$、5 MHz ϕ6 mm $-70°$。考虑到分辨力,应选择 10 MHz ϕ3 mm $-70°$。第 2 区为 2/5t ~ t,即 24 ~ 60mm,选择 10 MHz 信噪比将很低,衰减也较大,因此频率偏高,选 5 MHz 更为合适。选70°探头声程太长,分辨力低,应选60°探头。5 MHz ϕ6 mm $-60°$探头的上边界角为 84°,需要选择聚焦在上部的探头进行另一次扫查,才能实现覆盖。

聚焦深度的选择:非平行扫查时,探头分别聚焦到各自扫查区的2/3 深度上。第一对探头(1 区)的聚焦深度为 16 mm。第二对探头在 2 区的聚焦深度为 24 mm,再加上 1 区的深度为 24 mm,从扫查面算其聚焦深度为 48 mm。

下面考虑宽度方向的覆盖问题,两个区域探头的声束范围由图5.2 和图5.3 所示,似乎一次非平行扫查可以覆盖焊缝中心两侧各 30 mm 的范围,但从图中看不出底面轴偏离盲区的大小,应进行轴偏离底面盲区的计算,才能确定宽度方向是否实现完全覆盖。

采用式(4.3)计算底面检测区域边界处的轴偏离盲区高度值。

计算结果是轴偏离 30 mm 处盲区高度值为 2.6 mm,因此需要从左边和右边分别进行两次偏置非平行扫查,以覆盖这个盲区,偏置量可定为轴偏离盲区宽度的2/3,即 20 mm。

扫查次数的最终选择为:使用仪器的两个通道沿焊缝方向进行非平行扫查:1 对探头为10 MHz ϕ3 mm $-70°$,聚焦深度为 16 mm,扫查 1 区;1 对探头为 5 MHz ϕ6mm $-60°$,聚焦深度为 48 mm,扫查 2 区。使用一个通道,1 对 5 MHz ϕ6 mm $-60°$探头,向左偏置非平行扫查2 区,偏置量为一侧轴偏离盲区宽度的2/3,即 20 mm。使用一个通道,1 对 5 MHz ϕ6 mm $-60°$探头,向右偏置非平行扫查 2 区,偏置量 20 mm。总共 4 次扫查。

对于需要几次扫查才能完成检测的工件:根据工件厚度,按照标准对焊缝进行分区;根据各分区的情况,按照标准确定探头的晶片尺寸、频率和入射角度等参数;按照 2t/3 法则,计算探头中心距;计算和验证相邻声束在深度方向上的覆盖;根据声束在焊缝宽度方向上的覆盖和计算出的底面轴偏离盲区高度,确定是否需要偏置非平行扫查和扫查的次数,偏置量为一侧轴偏离盲区宽度的2/3。采用多次扫查时,应在试块上进行试验,以确认深度方向上声场对区域的覆盖;试块应与被检测工件具有相同厚度,其内部应设有能验证覆盖检测区域的一定数量的反射体。

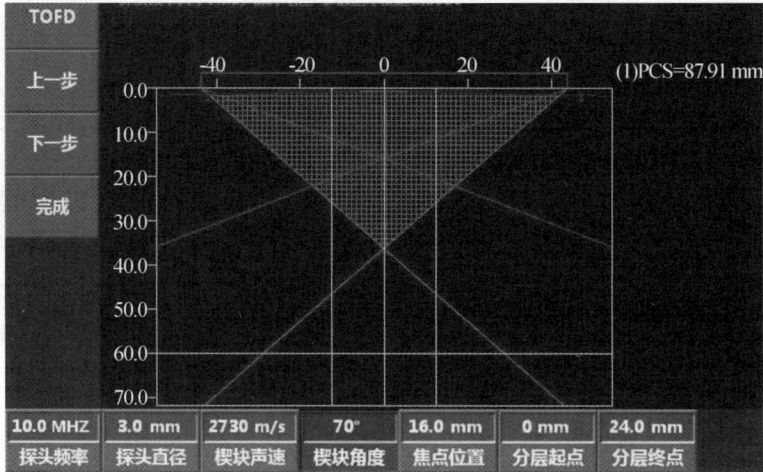

图 5.2　声束覆盖 10 MHz ϕ3 mm－70°探头聚焦深度 16 mm

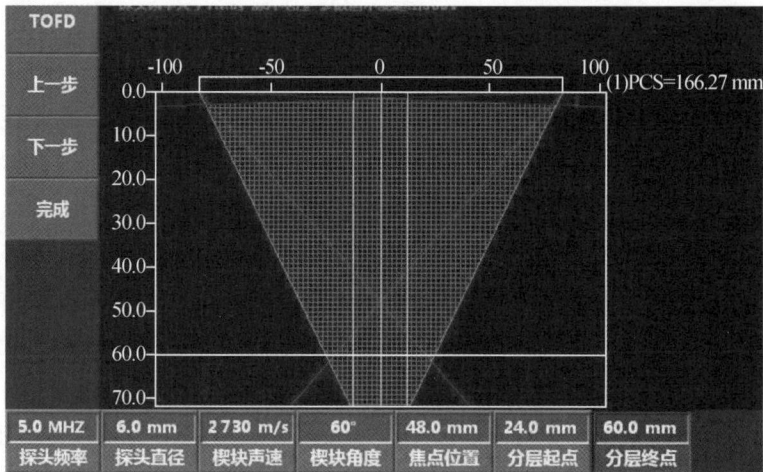

图 5.3　声束覆盖 5 MHz ϕ6 mm－60°探头聚焦深度 48 mm

5.3　PCS 的选择

选择 TOFD 检测 PCS 时,应该考虑:

(1)保证超声波能到达和覆盖检测区域;

(2)保证裂纹端点的衍射信号有足够能量;

(3)保证能获得适当的分辨力。

对平行扫查,一般情况下应使用 $2t/3$ 法则(探头声束中心聚焦在 $2t/3$ 处)确定探头中心距,可保证非平行扫查声场均匀覆盖最大区域。

对于平行扫查或特定区域的扫查,可不使用 $2t/3$ 法则,此时往往把焦点定位于特定深

度。此时 PCS 为

$$2S = 2D\tan\theta \tag{5.2}$$

式中　D——指定深度,mm;

　　　θ——探头角度,°。

PCS 与焦点位置是相关的。如果探头折射角不变,减小 PCS 意味着焦点上移。减小 PCS 可以减小上表面盲区,改善上表面分辨力和测量精度,但也会产生一些不利影响,例如焦点上移会使底面信号幅度降低,不利于深部缺陷的检测。如果既想缩短焦距,又要避免焦点上移,就需要改变探头折射角。

当扫查面一侧焊缝余高过宽时,选择小的 PCS 有时会导致探头无法放置。如果一对探头扫查的覆盖范围不能满足要求,就需要使用多对探头进行分区扫查,此时 PCS 也要相应调整。每一对探头的 PCS 需根据角度和探测深度通过计算或实测确定。

5.4　TOFD 扫查

5.4.1　TOFD 扫查基本要求

TOFD 探头组可以用手移动扫查或者使用自动扫查器,对 TOFD 扫查的基本要求是:

(1)与工件表面耦合要良好;

(2)扫查架有足够刚性,能保证 PCS 不变;

(3)保证扫查沿设定的路径进行;

(4)探头可调整,在不平的表面能够保证良好接触。

扫查时必须借助扫查架夹持两个 TOFD 探头。可利用改变 PCS 的方法来实现声束在某一深度范围聚焦。探头角度的改变则是利用不同的楔块来实现的。

5.4.2　手动扫查

手动扫查非常实用,与机械扫查需要安装调整相比,手动扫查快捷方便,在某些难于接近的条件下它可能是实施检测的唯一方法。手动扫查分为使用编码器和不使用编码器两种方式。

在使用编码器的手动扫查中,在 TOFD 扫查架上安装有一个轮子,轮子在转动时驱动编码器,编码器将生成的数据送给数字化超声数据采集系统。这样,采集的数据与探头的位置就建立了对应关系,编码器对确定信号位置、测量缺陷尺寸和保证图像精度是非常有用的。

在不使用编码器的简单手动扫查中,系统只是按照激发探头的脉冲重复频率的规则时间间隔来采集数据,而采集的数据与探头的位置无对应关系。因此设置发射探头的脉冲重复频率与扫查速度相一致就非常重要,要确保 A 扫描数据等距离采集,例如每隔 1 mm 采集一次。因为每一次数据采集对应的探头移动距离不是恒定的,在手动 B 扫描中用抛物线指针测量缺陷长度和位置就无法做到精确。不过,倘若小心移动探头保证扫查匀速进行,一般来说在长度和位置上的误差不超过±5 mm。

5.4.3　机械扫查

很多情况下 TOFD 检测采用自动扫查。机械扫查装置可以用 TOFD 数字化数据采集系统来控制或者由其自身马达控制系统来控制。在这两种方法中编码器反馈的信息都被超声数据采集系统获得,使得 TOFD 检测中 A 扫描能按一定的采样间隔被采集。

对平行扫查来说,扫查的起点相对焊缝中心线的位置必须精确,以便标绘出缺陷在焊缝横断面上的准确位置。

5.4.4　扫查增量设置

TOFD 检测时,扫查增量的设置是根据被检工件的厚度而决定的。厚度在 12 mm 以内,扫查增量一般不超过 0.5 mm,厚度在 12～150 mm 时,扫查增量一般不超过 1 mm。没有必要过分追求小的扫查增量,实践表明,以 1 mm 的距离间隔采集 A 扫描数据可以给出非常清晰的图像,即使噪声较大或数据质量较低,也能从缺陷端点产生的抛物线状特征图形识别出缺陷信号。然而,当扫查距离较长时,采集到的 A 扫描数据量将非常庞大。这时将采集间隔设置得大一些,可以大大减少数据量。对厚度在 150 mm 以上的焊缝,可以将扫查增量设置为 2 mm。总之,扫查增量或采集 A 扫描数据的间隔取决于所采用的探头中心距和 TOFD 检测数据质量要求。

5.4.5　不同扫查方式的应用特点

非平行扫查主要用于首次检测大范围快速扫查,偏置非平行扫查主要用于解决底面轴偏离盲区问题,平行扫查主要用于发现缺陷后的进一步检测,以确定缺陷上、下端点深度和到焊缝中心线的距离,从中可以获得缺陷深度、高度、倾斜度的准确值。

一般非平行扫查和偏置非平行扫查都遵守 $2t/3$ 法则,PCS 不会轻易改变。如果针对缺陷的进一步探测,为了得到更高的信噪比,可把焦点选在缺陷部位。为在近表面得到更高的分辨率和更小的盲区,可减少 PCS,但会造成焦点上移。如果在指定部位同时得到高信噪比和高分辨力,就应在减小 PCS 的同时减小探头角度,使焦点位置聚焦在该指定部位。

对于平行扫查,大多数扫查是用在指定区域的扫查,可以选择较小的折射角、较小的声束扩散探头和较小的 PCS,得到图像的分辨力更高,特征弧线的曲率更大,得到更高的测量精度。

5.5　增益设置与校准方法的选择

TOFD 检测虽不依靠信号波幅对缺陷定量,但波幅对检测仍然是重要的。因此需要设置适当的增益。系统增益设置不当会影响检测的可靠性:如果增益设置过低,缺陷衍射信号过于微弱,就不可能被接收和观测到;而增益过高也会影响图像的观察、信号的识别和测量,同样影响缺陷检出,如图5.4、图5.5所示。

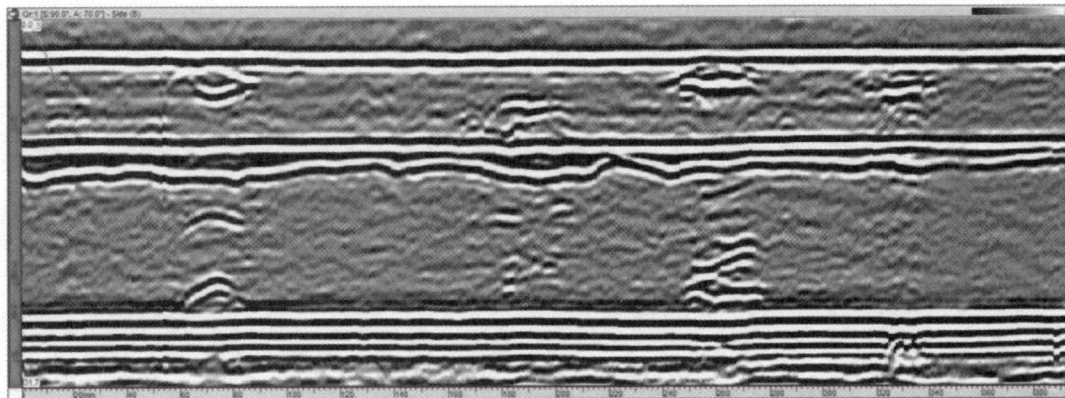

图 5.4　TOFD 检测 B 扫描图像(增益过高)

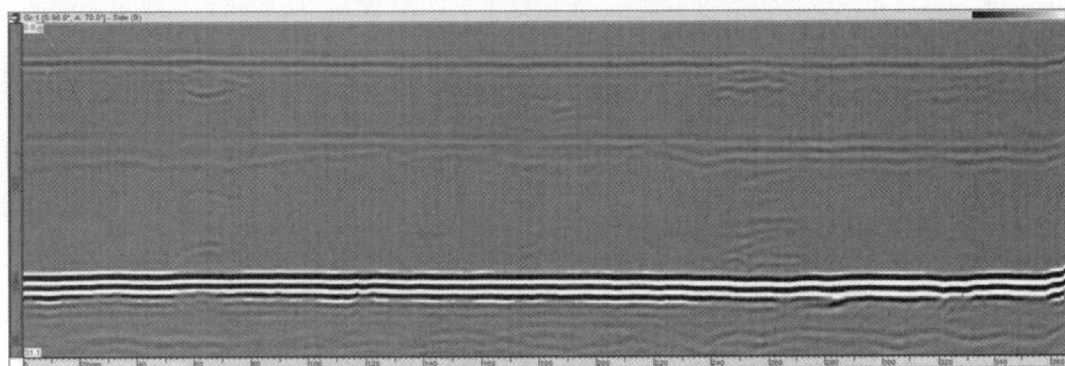

图 5.5　TOFD 检测 B 扫描图像(增益过低)

波幅在 TOFD 检测中有 3 种用途:

(1)识别缺陷。使缺陷信号在局部噪声背景下是可分辨的。

(2)分析判定缺陷性质。需要依据缺陷上下端点信号的相对高度来分析判定缺陷性质。

(3)校验系统灵敏度。需要用人工缺陷的脉冲高度确认系统灵敏度有没有改变。

TOFD 检测增益的设置方法:

(1)用直通波设置。

(2)用晶粒噪声设置。

(3)用底面反射波设置。

(4)用尖角槽的衍射波设置。

(5)用侧孔的反射波设置。

5.5.1　用直通波设置增益

采用直通波设置灵敏度一般在工件上进行:按选定的 PCS 安装好探头,设置好时间窗口等参数,在待检测的焊缝上将直通波的波幅设定为满屏高度的40% ~ 80%。

以下情况可能无法使用直通波设置灵敏度:

(1)工件表面有阻碍直通波的结构,例如表面裂纹、咬边或其他凹槽;

(2)使用折射角较小,声束较陡的探头或声束扩散度小的探头,没有直通波信号;

(3)PCS 太大,直通波能量太小,没有直通波信号或信号微弱;

(4)大厚度工件分区扫查时,扫查下部区域的通道;

(5)焦点设置在底部的特殊扫查。

5.5.2　用晶粒噪声设置增益

把探头放在工件上适当的位置,探头设置(间距)满足要求并显示出直通波和底面反射波。调节增益,使晶粒噪声可见,通常为满屏的5% ,直通波之前的电噪声要低于晶粒噪声至少 6 dB,如图 5.6 所示。当扫查的焊缝中的噪声比试块中的噪声弱很多时,用被检测工件中的典型噪声水平来设置增更合适,可在工件上"干净"区域,如与被检焊缝相连接的板材或管材上进行设置。

采用晶粒噪声设置的增益很高,可确保所有缺陷信号都能够被检测到,但会导致 B 扫描或 D 扫描中的信号过亮,给信号分析带来困难。

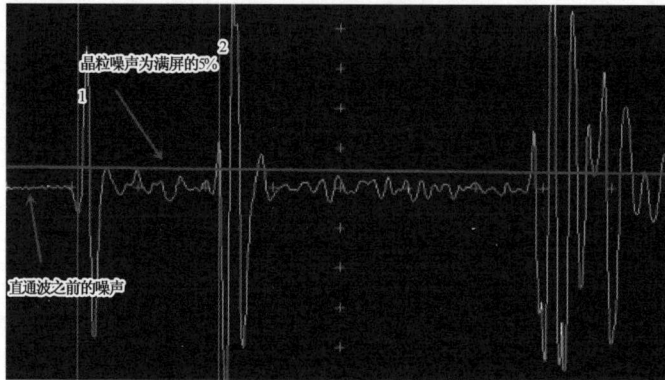

图5.6　用晶粒噪声设置增益

如果采用晶粒噪声设置增益,必须保证所有的 A 扫描参数都是正确的。确认的方法之一是:用设置完 A 扫描参数的仪器探测被检工件,以工件底面反射波测定工件的厚度,与实际厚度的误差应在 0.25 mm 之内。

5.5.3　用底面反射波设置增益

用底面反射波设置增益的方法是:把底面反射波调到满屏高度,然后增加 18 ~ 30 dB。由于底面反射波形成有多种因素,因此用其作为参考依据不一定可靠。底面反射波设置增益的增加值应通过试验或根据经验来确定。

5.5.4　用尖角槽的衍射波设置增益

用尖角槽的衍射波设置增益如图 5.7 所示。用于衍射波波幅校准的槽应是上表面开口的,而不是底面开口的。上表面开口槽的下端点信号非常类似于疲劳裂纹的衍射信号;下表面开口槽的顶端信号主要是反射波。

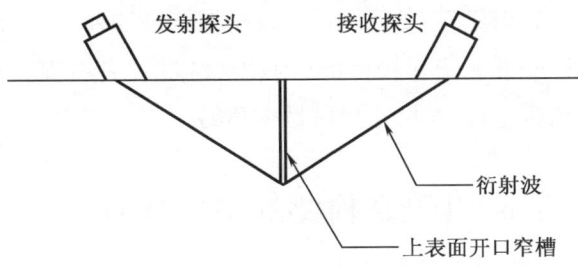

图 5.7　用尖角槽的衍射波设置增益

使用多对探头检测时,建议加工一组不同深度的槽,位于每个分区 25% 和 75% 处,如满足增益设置和扫描范围的需求,也可使用其他形式的槽和试块。

设置增益时,在信噪比满足要求的情况下应该把远处的端点衍射信号波调到满屏高度的 60% 。在这种设置下,底面反射波信号通常都会饱和。在 A 扫描信号中,如果 PCS 不是太大,即使直通波的幅值很低,也应该能超过噪声信号并被观察到。

5.5.5　用侧孔的反射波设置增益

以侧孔设置增益常被用于其他增益设置方法的验证或补充。

侧孔是反射信号,比衍射信号强。如果侧孔直径小于使用波长的 2 倍,需注意孔顶部与底部散射信号之间发生干扰。NB/T 47013.10—2015 标准中,试块主要采用侧孔设置灵敏度。

用侧孔设置增益的方法:

(1)测量侧孔的信号峰值,区分顶部与底部的信号,选取其中较低值调至波高的 80% ,记录增益值;

(2)参考噪声信号后根据经验确定增益是否适当,有时需要将增益再提高数分贝。

5.5.6　衰减和粗晶噪声对增益设置的影响

在 TOFD 检测中,如果能够观察到直通波和底面反射波信号,通常会忽视超过正常范围的衰减所造成的影响。为保证焊缝所有体积的检测有效性,应对衰减和粗晶噪声的影响做出评估。在试块上用直通波或底面反射波来设置增益,如果探头放在工件上扫查时明显感到衰减比试块大,应进行增益补偿。

无论采用哪种方法,合适的增益设置应该使 D 扫描和 B 扫描图像中背景呈灰色。背景灰色的强度应该在焦点深度处比较强(探头声束中心交点)。为了确保工件的所有被检测区域的检测有效性,被检测区域的边界(即直通波之下和底面反射波之上)的晶粒噪声(或背景灰度)的波幅应不低于焦点处的晶粒噪声波幅 12 dB。如果因材料衰减系数大而使得两处波幅相差 12 dB,就应该考虑选择较低的频率以减小衰减的影响,或把工件在厚度上分成几个区域扫查,或采用不同角度的探头扫查。

如果把工件在深度上分成不同区域来扫查,则较深区域应使用晶片直径较大的探头,大晶片探头发射能量大,且声束集聚在较小的区域内,经过较大声程和衰减也能保证信号幅度。此外大晶片对远处缺陷的长度尺寸测量是有利的。

5.6 TOFD 检测的主要步骤

5.6.1 被检测工件准备

(1)探头移动区应清除焊接飞溅、铁屑、油垢及其他杂质,一般应进行打磨。探头移动区表面应平整,便于探头的扫查,其表面粗糙度 Ra 值应不低于 12.5 μm。

(2)检测前应在被检工件扫查面上予以标记,标记内容至少包括扫查起始点和扫查方向,同时推荐在母材上距焊缝中心线规定的距离处画出一条线,作为扫查装置运动的参考。

(3)要求去除余高的焊缝,应将余高打磨到与邻近母材平齐。当扫查方式为平行扫查时,一般应要求去除余高。保留余高的焊缝,如果焊缝表面有咬边、较大的隆起和凹陷等应进行适当的修磨,并做圆滑过渡以免影响检测结果的评定。

5.6.2 确定检测技术等级

(1)TOFD 检测技术等级分为 A、B、C 3 个级别,见表 5.9。

表 5.9 TOFD 检测技术等级

技术等级	检测面	扫查面盲区[a]	底面盲区[b]	横向缺陷检测	采用模拟试块验证工艺	扫查面表面检测	底面表面检测
A	单面	≤1 mm	≤1 mm	—	—	需要	必要时[c]
B	单面	≤1 mm	≤1 mm	需要	—	需要	必要时[c]
C	双面[d]	—	≤1 mm	需要	需要[e]	需要	需要

注:1. 对于各检测技术等级,为使底面盲区或扫查面盲区高度≤1 mm,可选择的检测工艺或方法建议如下:

①当初始扫查面盲区高度 h_5 >1 mm 时,宜采用脉冲反射法超声检测;

②当初始底面盲区高度 h_4 >1 mm 时,宜采用偏置非平行扫查。

2. 对于检测技术等级 B 级或 C 级,为检测横向缺陷,可采用 TOFD 斜向扫查,也可按照 NB/T 47013.3—2015 中承压设备对接接头 B 级或 C 级检测技术等级的要求进行横向缺陷的超声检测。

3．表面检测方法包括磁粉检测、渗透检测或涡流检测，优先采用磁粉检测。

4．脉冲反射法超声检测、磁粉检测、渗透检测和涡流检测按照 NB/T 47013.3—2015 ~ NB/T 47013.6—2015 规定要求进行。

5．a——检测区域内的扫查面盲区，一般应在对比试块上验证。

b——检测区域内的底面盲区。

c——底面有可疑相关显示时。

d——若由于结构原因，可以在无法进行双面检测的局部采用 B 级检测，但应采用模拟试块验证工艺且一般应进行底面表面检测。

e——采用模拟试块进行。

（2）TOFD 检测技术等级的选择原则如下。

①A 级检测，适用于不易产生横向缺陷的一般承压设备（如低碳钢制）、重要的支撑件和结构件（大型承压设备，如加氢反应器、尿素合成塔；抗震、风设计的裙座）。

②B 级检测，适用于可能产生横向缺陷的一般承压设备；在役检验的一般压力容器。

③C 级检测（要求对母材采用直探头按 NB/T 47013.3—2015 进行检测），适用于重要承压设备的对接接头；高强钢制大型承压设备（如球罐）高强钢抗拉强度大于 540 MPa；按分析标准设计的高温、高压、临氢（如加氢反应器）设备。

5.6.3　检测区域的确定及厚度分区

检测区域由其高度和宽度表征。NB/T 47013.10—2015 规定检测区域高度为工件焊接接头的厚度。检测区域宽度为焊缝本身及焊缝熔合线两侧各 10 mm。若对于已发现缺陷部位进行复检或已确定的重点部位，检测区域可缩减至相应部位。

在厚度范围内可分 1 个或几个 TOFD 检测区域，相邻区域内 −12 dB 声束至少有一定的重叠，对上、下表面盲区采取适当的补充检测，对声束不能覆盖的检测区域，应进行辅助检测，并且在检测工艺中注明。

5.6.4　探头选取和设置

（1）探头选取包括探头频率、角度、晶片大小的选取，探头设置应确保对检测区域全面覆盖和获得最佳的检测效果。一般选择宽角度纵波斜探头，对于每一组探头对的两个探头，其标称频率应相同，声束角度和晶片直径宜相同。所选择的探头应是短脉冲的，直通波与底面反射波的脉冲长度不超过两个周期。保证时间分辨力的频率选择要求是：直通波与底面反射波信号的时间周期应至少应达到 20 个信号周期；为保证信噪比，对衰减大的粗晶材料可适当降低频率；频率的选择与材料本身、晶片尺寸和声束扩散有关。

（2）探头参数的测定，测定探头入射点、前沿和超声波在楔块中传播的时间。测量方法如图 5.8 所示，将两探头直接接触，在仪器中找出其最高波的位置，两探头接触的中间点即为入射点，重叠的一半距离即为前沿，由 A 扫描信号可读出超声波在探头楔块中的传播时间。

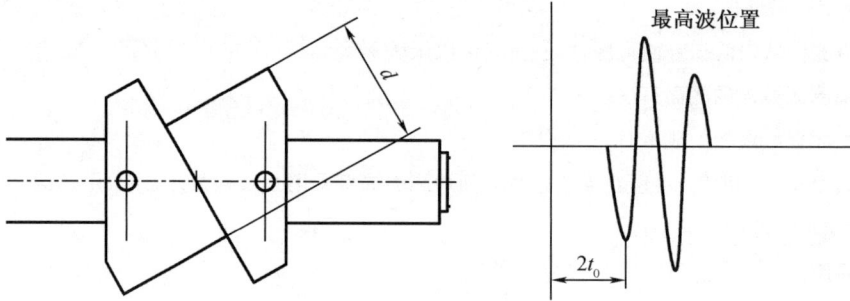

图 5.8　探头参数的测定

（3）当工件厚度 $t \leqslant 50$ mm 时（公称厚度），可采用一组探头对检测，推荐将探头中心距设置为使该探头对的声束交点位于 $2t/3$ 深度处。

（4）当工件厚度 $t > 50$ mm 时，应在厚度方向分成若干区域采用不同设置的探头对分别进行检测；推荐将探头中心距设置为使每一探头对的声束交点位于其所检测深度范围的 $2t/3$ 深度处；该探头声束在所检测区域高度范围内相对声束轴线处的声压幅值下降不应超过 12 dB。

（5）检测工件底面的探头声束与底面检测区域边界处法线间的夹角一般应不小于 40°。

（6）与平板工件或较大曲率工件厚度有关的检测分区、探头参数选取和设置可参考表5.7。

（7）若已知缺陷的大致位置或仅检测可能产生缺陷的部位，可选择相匹配的探头形式（如聚焦探头）或探头参数（如频率、晶片直径），将探头中心距设置为使探头对的声束交点为缺陷部位或可能产生缺陷的部位，且声束角度 α 为 55°~60°。

5.6.5　扫查面和扫查方式的选择

（1）当检测技术等级为 A 级或 B 级时，一般情况下宜选择外表面作为扫查面（在用设备内表面接触介质，TOFD 检测底面盲区小，用外表面灵敏度更高）；弧面和非平行面对接接头的扫查面选择应考虑盲区高度的大小；扫查面的选择还应考虑有足够的操作实施空间。

（2）初始扫查方式一般分为非平行扫查、偏置非平行扫查和斜向扫查。

（3）一般采用非平行扫查作为初始扫查方式，用于缺陷的快速探测，以及缺陷长度、缺陷自身高度的测定，可大致测定缺陷深度。

（4）当非平行扫查的初始底面盲区高度较大或探头声束不能有效覆盖检测区域时，可对相应检测区域增加偏置非平行扫查。

（5）当需要检测焊缝中的横向缺陷时，可采用斜向扫查。

（6）在采用多种初始扫查方式时，应合理安排扫查次序并在操作指导书中注明。

5.6.6　选择 A 扫描采集参数

（1）根据所选择的探头，设置数字化频率至少为所选择探头最高标称频率的 6 倍。

（2）根据所选择的探头，设置接收电路的频率响应范围至少为所选择探头标称频率的 0.5 ~ 1.5 倍。

（3）选择激发脉冲宽度设置，以获得最短的信号和最大的分辨力。

（4）信号平均化处理有利于降低随机噪声的影响，从而提高信噪比。检测前应合理设置检测通道的信号平均化处理次数 N，一般情况下设定为 1，噪声较大时设定值不应大于 16。

（5）设定脉冲重复频率，应与数据采集速度和可能的最大扫查速度相称。

5.6.7　设置时间窗口和深度校准

（1）检测前应对检测通道的 A 扫描时间窗口进行设置。

（2）若工件厚度不大于 50 mm 且采用单检测通道时，其时间窗口的起始位置应设置为直通波到达接收探头前 0.5 μs 以上，时间窗口的终止位置应设置为工件底面的一次波型转换波后 0.5 μs 以上；同时将直通波和底面反射波时间间隔所反映的厚度校准设置为已知的工件厚度值。

（3）若在厚度方向分区检测时，应采用对比试块设置各检测通道的 A 扫描时间窗口和进行深度校准，A 扫描时间窗口至少应包含所需检测的深度范围，同时应满足以下要求：

①根据已知的对比试块内的各侧孔实际深度校准检测设备的深度显示；

②最上分区的时间窗口的起始位置应设置为直通波到达接收探头前 0.5 μs 以上，时间窗口的中止位置应设置为所检测深度范围的最大值；

③其他分区的时间窗口的起始位置应在厚度方向依次向上覆盖相邻检测分区深度范围的 25%；

④最下分区的时间窗口的终止位置应设置为底面反射波到达接收探头后 0.5 μs 以上；

⑤若 A 扫描时间窗口设置和深度校准是采用对比试块，则应在实际工件上深度检查显示，确保深度显示偏差不大于工件厚度的 3% 或 2 mm（取最大值），否则应进行必要的调节。

5.6.8　设置检测通道的灵敏度

（1）若被检工件厚度不大于 50 mm 且采用单检测通道时，可直接在被检工件上或采用对比试块设置灵敏度。若直接在被检工件上设置灵敏度时，一般将直通波的波幅设定到满屏高度的 40% ~ 80%；若直通波不可用，可将底面反射波波幅调整为满屏高度的 80%，再提高 20 ~ 32 dB；若直通波和底面反射波均不可用，可将材料的晶粒噪声设定为满屏高度的 5% ~ 10% 作为灵敏度。

（2）若在厚度方向上分区检测时，应采用对比试块设置各通道检测灵敏度。将各通道

A扫描时间窗口内各反射体产生的最弱的衍射信号波幅设置为满屏高度的40%~80%作为灵敏度(最上分区也可将直通波的波幅设定到满屏高度的40%~80%)。

5.6.9 位置传感器校准与扫查步进设置

(1)位置传感器校准:在检测前进行位置传感器校准,移动扫查装置一段距离,检查仪器所显示的位移与实际位移的误差。

(2)扫查步进设置:扫查步进是指扫查过程中相邻两个A扫描信号间沿工件扫查路径的空间间隔。检测前应将检测设备设置为根据扫查步进采集信号。扫查步进值设置主要与工件厚度有关,按表5.10的规定进行设置。

表5.10 扫查步进值的设置

工件厚度 t/mm	扫查步进最大值 Δx_{max}/mm
$12 \leqslant t \leqslant 150$	1.0
$t > 150$	2.0

5.6.10 盲区高度的确定

(1)初始扫查面盲区的确定应采用实测法。采用图3.30的扫查面盲区高度测定试块进行测量。将设置好的扫查装置分别对不同深度侧孔进行扫查,能发现的最小深度横孔上沿所对应的深度即为扫查面盲区高度。

(2)初始底面盲区高度按式(4.3)计算。

5.6.11 扫查焊缝

(1)初始的扫查方式一般采用非平行扫查或偏置非平行扫查。

(2)扫查时应确保探头的运动轨迹与拟扫查路径间的误差不超过探头中心距的10%。

(3)扫查时应保证扫查速度小于或等于最大扫查速度 V_{max},同时应保证耦合效果和满足数据采集的要求。

(4)每次扫查长度不应超过2 000 mm;若需对焊缝在长度方向进行分段扫查,则各段扫查区的重叠范围至少为20 mm。对于环焊缝,扫查停止位置应越过起始位置至少20 mm。

(5)检测时应保持扫查架平稳,探头应沿着扫查线移动。扫查速度要均匀,保证耦合良好,扫查过程中应密切注意波幅状况。若发现直通波、底面反射波、材料晶粒噪声或波型转换波的波幅降低12 dB以上或怀疑耦合不好时,应重新扫查整段区域。若发现直通波满屏或晶粒噪声波幅超过满屏高度20%时,则应降低增益并重新扫查。

(6)通过底面盲区计算认为需要进行偏置非平行扫查时,应在焊缝中心线两侧各增加一次偏置非平行扫查,偏心距离一般取底面检测宽度的1/4。

（7）对扫查面盲区,有条件下,可采用双面检测。

（8）若焊缝中可能存在横向缺陷时,采取措施使超声波声束与焊缝横截面形成一定的倾角再进行检测。

5.6.12　发现缺陷后的进一步探测

当可能存在的缺陷已经被检查出,应进行进一步的检测,以获得缺陷更多的信息时,可采取的方法包括:改变参数的非平行扫查、偏置非平行扫查、平行扫查或脉冲反射法超声检测。已知缺陷的大致位置,可针对缺陷改变探头设置,重新优化检测参数,以获得最准确的结果。

5.6.13　焊缝检测记录

（1）检测前应绘制示意图,包括工件编号、焊缝编号、分段检测位置编号、检测面区分标志。

（2）分段受检焊缝应有分段标识,起始点用"0"表示,扫查方向用箭头"→"表示,并用记号笔划定,标识应对扫查无影响。

（3）检测完成后绘制检测部位图,作为原始记录。

5.6.14　检测系统复核

（1）在如下情况时应进行复核:

①检测过程中检测设备开、停机或更换部件时;

②检测人员有怀疑时;

③检测结束时。

（2）若初始检测设置和校准时采用了对比试块,则在复核时应采用同一试块;若为直接在工件上进行的灵敏度设置,则应在工件上的同一部位复核。

（3）若复核时发现初始设置的参数偏离,按表 5.11 的规定执行。

表 5.11　初始参数的偏离和纠正

项目类型		参数取值	措施
灵敏度	1	≤6 dB	不需要采取措施,必要时可通过软件纠正
	2	>6 dB	应重新设置,并重新检测上次设置以后所检测的焊缝
深度	1	≤2 mm 或板厚的 3%（取较大值）	不需要采取措施
	2	>2 mm 或板厚的 3%（取较大值）	应重新设置,并重新检测上次设置以后所检测的焊缝
位移	1	≤5%	不需要采取措施
	2	>5%	应对上次设置以后所检测的位置进行修正

5.7　其他工艺参数的影响

5.7.1　温度

（1）应确保在规定的温度范围内进行检测,采用常规探头和耦合剂时,被检工件的表面温度范围应控制在 0～50 ℃;超出该温度范围,可采用特殊探头或耦合剂。

（2）若温度过低或过高,应采取有效措施避免。若无法避免,应评价其对检测结果的影响。

（3）检测系统设置和校准时温度与实际检测温度之差应控制在 20 ℃以内。

5.7.2　耦合

常规 TOFD 检测中使用的耦合材料与传统脉冲反射超声检测中使用的耦合材料一样,多使用油或水。耦合剂的特性要与其使用的温度相适应。

在自动检测系统中,通常在探头楔块上钻一个小孔来提供水,直接在楔块下形成耦合。软管泵中任何堵塞都可以通过增大压力来解除,它是一种理想的供水设备。从楔块小孔提供耦合剂可以使耦合剂使用量最小。间隙扫描是指通过在楔块的侧面添加金属磨损条在楔块与被检试件金属间形成间隙(典型的间隙为 0.2 mm),这样不仅可避免探头楔块的磨损,还有助于保持始终一致的耦合层,从而获得一致的检测结果。但是,由于楔块和金属表面间存在的干涉效应,0.2 mm 间隙可能会使 0.25 倍和 0.5 倍波长的超声波损失掉。

5.8　TOFD 检测操作指导书编制

5.8.1　检测工艺文件

检测工艺文件包括工艺规程和操作指导书。工艺规程除满足 NB/T 47013.1—2015 的要求外,还应满足表 5.12 中所列相关因素的具体范围或要求。如相关因素的变化超出规定时,应重新编制或修订工艺规程。

表 5.12　检测工艺规程涉及的相关因素

序号	相关因素
1	产品范围(工件形状、规格、材质、壁厚等)
2	依据的标准、法规
3	检测设备和器材,以及校准、核查、运行核查或检查的要求
4	检测工艺(探头配置、扫查方式、厚度分区等)
5	检测前的表面准备要求

表 5.12（续）

序号	相关因素
6	盲区检测方式及工艺试验报告
7	横向缺陷检测方式及工艺试验报告
8	检测数据的分析和解释
9	缺陷评定与质量分级

编制操作指导书应根据工艺规程的内容及被检工件的检测要求，其内容除满足 NB/T 47013.1—2015 的要求外，至少还应包括：

①检测技术要求：执行标准、检测技术等级、合格级别、检测时机、检测比例和检测前的表面准备要求。

②检测设备器材（包括仪器、探头、扫查装置、耦合剂、试块名称和规格型号，性能检查的项目、时机和性能指标）。

③检测工艺参数（包括扫查面的选择；探头参数及布置；仪器的设置，如灵敏度设置、扫查步进、脉冲重复频率、信号平均等；厚度分区及各分区覆盖范围；初始表面盲区高度及其检测方法；初始底面盲区高度及其检测方法；扫查方式；扫查速度；横向缺陷的检测方法（必要时）等）。

④检测标识规定。

⑤检测操作程序和扫查次序。

⑥检测记录和数据评定的具体要求。

5.8.2　TOFD 检测操作指导书案例

某压力容器制造有限公司为某化工厂制造一台Ⅲ类承压设备，如图 5.9 所示，筒体规格为 $\phi2\,000\,\text{mm} \times 60\,\text{mm}$，筒体材质为 CF62，筒体环向对接接头 B01 采用埋弧自动焊，U 形坡口，B01 焊缝坡口形式如图 5.10 所示，焊后进行整体热处理，表面打磨至粗糙度 $Ra \leqslant 12.5\,\text{m}$，余高磨平。现按 NB/T 47013.10—2015 标准对环向对接接头 B01 进行 100% 的 TOFD 检测，检测技术等级为 B 级，合格级别为Ⅱ级。

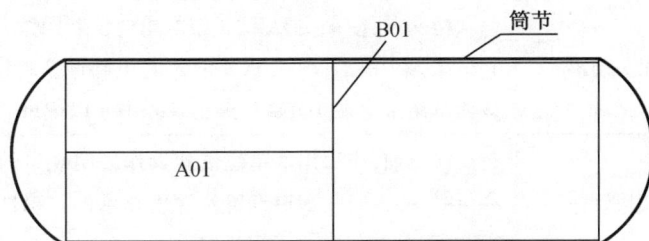

图 5.9　承压设备筒体示意图

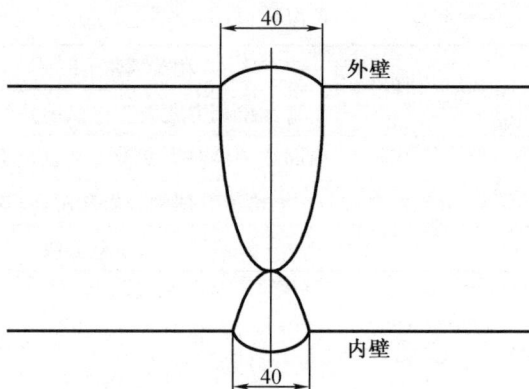

图 5.10　B01 焊缝坡口形式

衍射时差法超声检测操作指导书

委托单位×××××××××　　　　　　　　　委托单编号×××××××××
单位内编号/设备编号×××××××××　　　操作指导书编号 2019－TOFD－01

<table>
<tr><td rowspan="4">被检工件</td><td>工件名称</td><td>×××</td><td>设备类别</td><td>Ⅲ类</td><td>设备规格</td><td>φ2 000 mm×60 mm</td></tr>
<tr><td>主体材质</td><td>CF62</td><td>设备状态</td><td>在制</td><td>焊接方法</td><td>埋弧自动焊</td></tr>
<tr><td>坡口形式</td><td>U 形</td><td>接头形式</td><td>对接接头</td><td>焊缝宽度</td><td>外表面:40 mm
内表面:40 mm</td></tr>
<tr><td>热处理状态</td><td>焊后整体热处理</td><td>检测部位</td><td>B1 焊缝</td><td>检测区域</td><td>外表面:60 mm
内表面:60 mm</td></tr>
<tr><td rowspan="2">检测设备器材</td><td>设备型号</td><td>×××××
TOFD 检测仪</td><td>设备编号</td><td>×××××</td><td>扫查装置</td><td>手动扫查器</td></tr>
<tr><td>耦合剂</td><td>水</td><td>试块</td><td>TOFD－C
对比试块</td><td>试块编号</td><td>×××××</td></tr>
<tr><td rowspan="4">检测技术要求</td><td>TOFD 工艺规程版本号</td><td>×××××</td><td>检测时机</td><td>热处理 24 h</td><td>检测温度</td><td>25 ℃</td></tr>
<tr><td>执行标准</td><td>NB/T 47013.10—2015</td><td>合格级别</td><td>Ⅱ</td><td>检测技术等级</td><td>B</td></tr>
<tr><td>检测比例</td><td>100%</td><td>表面状态</td><td>≤Ra 12.5 μm</td><td>表面耦合补偿</td><td>4 dB</td></tr>
<tr><td rowspan="2">工作性能检查项目及要求</td><td>探头前沿</td><td colspan="5">每次检测前,应采用 IA 试块或本单位仪器操作说明规定的方法测定并记录探头前沿,确保 PCS 设置的正确性及检测操作的可实施性。该测试结果应在 TOFD 检测记录表中予以记录</td></tr>
<tr><td>楔块延时</td><td colspan="5">每次检测前,应采用本单位仪器操作说明规定的方法测定并记录楔块延时,确保时间窗口设置及深度显示的正确性。该测试结果应在 TOFD 检测记录表中予以记录</td></tr>
</table>

表（续）

工作性能检查项目及要求	– 12 dB 声束扩散角	每次检测前,应采用 NB/T 47013.10—2015 标准附录 C 规定的试块和测试方法测定并记录 – 12 dB 声束扩散角,确保检测区域 12 dB 声束扩散角声场的覆盖性。该测试结果应在 TOFD 检测记录表中予以记录
	位置传感器	每次检测前,将位置传感器移动 1 000 mm,误差应小于 10 mm。该测试结果应在 TOFD 检测记录表中予以记录
检测前工艺参数调节方式	检测灵敏度	因本操作指导书采用 NB/T 47013.10—2015 标准规定的 TOFD – C 对比试块进行灵敏度设置,则在实际工件检测前应进行表面耦合补偿,表面耦合补偿量为 4 dB
	深度显示	检测前,应在实际工件上检查深度显示,确保深度显示偏差不大于工件厚度的 3% 或 2 mm(取大值),若不满足该要求,应调节声速或楔块延时值,以符合标准要求
检测系统总体设置的确认方式	1. 各项检测工艺参数设置完成后,应在 TOFD – C 对比试块做实际扫查。 2. TOFD 图像应能够清楚地显示检测范围内的标准反射体。 3. TOFD 图像中标准反射体的尺寸应接近其实际尺寸。 4. 保存该检测数据,并将数据文件名记录在 TOFD 检测记录表中	

一、非平行扫查

		分区	厚度分区/mm	探头频率	晶片尺寸	楔块角度	楔块编号	探头中心距/mm	楔块对总延迟	楔块前沿	– 12 dB 声束扩散角	覆盖范围/mm	时间窗口设置
工艺参数	TOFD 探头及设置	1	0 ~ 24	7.5 MHz	3 mm	70°	× ×	88	5.6 μs	9 mm	47.74° ~ 90°	0 ~ 24	19.9 ~ 22.4 μs
		2	24 ~ 60	5 MHz	6 mm	60°	× ×	166	5.6 μs	11 mm	45.7° ~ 90°	18 ~ 60	34.1 μs ~ 底面反射波后 0.5 μs

工艺参数	灵敏度设置	第 1 分区:找到对比试块上 8 mm、12 mm 深度侧孔,将其中较弱衍射波波幅设置为满屏高度的 40% ~ 80%。第 2 分区:找到对比试块上 25 mm、40 mm、60 mm 深度侧孔,将其中较弱衍射波波幅设置为满屏高度的 40% ~ 80%	深度校准		第 1 分区:找到对比试块上 8 mm、12 mm 深度侧孔,将标准反射体校准为已知深度。第 2 分区:找到对比试块上 25 mm、60 mm 深度侧孔,将标准反射体校准为已知深度	
	扫查步进	1 mm		信号平均次数	1	脉冲重复频率	$PRF_0 = 1\ 000$
	扫查方式	非平行扫查 斜向扫查 偏置非平行扫查		扫查面	外表面	扫查速度	≤500 mm/s

表（续）

工艺参数	二、偏置非平行扫查				
	偏置检测分区	第 2 分区	偏置量	20 mm	偏置扫查次数 焊缝两侧各 1 次
	底面盲区（计算值）	0.3 mm	打磨宽度	焊缝每侧最小 118 mm	
	三、扫查面盲区检测				
	初始扫查面盲区高度（计算值）	8.4 mm	检测方法	（1）脉冲反射法超声检测。（2）磁粉检测（扫查面表面检测）	
	初始底面盲区高度（计算值）	2.6 mm	检测方法	（1）偏置非平行扫查。（2）磁粉检测（底面表面检测）	
	四、横向缺陷检测				
	检测方法	TOFD 斜向扫查说明：1. 斜向扫查探头对连线与焊缝中心线呈 30°～60°夹角；2. 斜向扫查探头选取和设置与相应通道非平行扫查相同；3. 斜向扫查应与非平行扫查同步进行			

检测操作程序和扫查次序	检测操作程序： 1. TOFD 检测前，应先采用磁粉检测方法对内表面和外表面进行表面检测。 2. 磁粉检测合格后，进行 TOFD 相关扫查（扫查时，各段扫查区的重叠范围至少为 20 mm）。 3. 对扫查的 TOFD 图谱进行初步评判程序。 4. 对表面盲区及 TOFD 图谱可疑部位进行脉冲反射法超声检测，并做相关记录。 TOFD 扫查次序： 第 1 次扫查：第 1 分区非平行及第 1 分区斜向扫查（同步进行）； 第 2 次扫查：第 2 分区非平行及第 2 分区斜向扫查（同步进行）； 第 3 次扫查：第 2 分区左偏置非平行及第 2 分区右偏置非平行（同步进行）
检测标识说明	1. 检测前应在被检焊缝附近进行检测位置标识，标识内容至少包括扫查起始点、分段扫查长度（不超过 1 m）。 2. 分段扫查标识起始点用"0"表示，扫查方向及起始点用十字箭头"↑"表示
检测示意图	

表(续)

扫查示意图	以第一次扫查为例:
其他要求	检测记录要求: 1. 应按照现场操作的实际情况详细记录检测过程的有关信息和数据(应记录内容详见本单位《TOFD 工艺规程》附件)。 2. 绘制出检测示意图,以实现可追溯性 数据评定要求: 1. 应对每个 TOFD 扫查图像进行评定,并填写评定记录。 2. TOFD 图像分析结果中,可记录缺陷应记录和测定缺陷位置与尺寸,并按照标准要求进行质量分级。 3. 应重点关注 TOFD 直通波变化情况,防止近表面缺陷漏评、误评 工艺验证要求: 1. 采用 TOFD – C 对比试块进行工艺验证。 2. 在合适的灵敏度条件下,TOFD 图像应能够清楚地显示对比试块中对应分区内的标准反射体 辅助检测要求:对于发现的内部可疑部位按照 NB/T 47013.3—2015 标准进行超声检测复验

编制:×××	日期:×××	审核:×××	日期:×××

操作指导书说明

序号	参数	编制说明
1	被检工件	按实际情况填写,其中焊缝宽度需实际测量值
2	试块选择	对比试块应满足 NB/T 47013.10—2015 标准中工件检测厚度范围的规定。本工艺卡选用 TOFD – C 对比试块。 对比试块用于灵敏度设置及深度校准(时间窗口设置)
3	灵敏度设置	因被检工件壁厚大于 50 mm,故采用对比试块进行灵敏度设置。设置方法:将某一分层内较弱的衍射信号波幅设置为满屏高度的 40% ~ 80%,并在被检工件表面扫查时进行表面耦合补偿(4 dB 或适当值)
4	扫查增量	根据 NB/T 47013.10—2015 标准中规定,厚度为 60 mm 的工件,最大扫查步进 ≤ 1 mm,本工艺选取 1 mm。

表（续）

序号	参数	编制说明
5	扫查速度	根据 NB/T 47013.10—2015 标准中规定进行计算。$V_{max} = PRF \cdot \Delta x/N = 1\ 000 \times 1/2 = 500\ mm/s$
6	检测区域	根据 NB/T 47013.10—2015 标准规定检测区域宽度为焊缝本身及焊缝熔合线两侧各 10 mm
7	深度校准	采用对比试块进行校准,使试块中的侧孔实际深度与显示对应,深度校准应保证深度测量误差不大于工件厚度的 3% 或 2 mm(取较大值)
8	位置传感器校准	使扫查装置移动一定距离时对检测设备所显示的位移与实际位移进行比较,其误差应小于 1%
9	盲区	扫查面盲区:按直通宽度 2 个周期计算结果为 8.4 mm。底面盲区:在距离焊缝中心线 30 mm 位置底面盲区计算结果为 2.6 mm,示意图如右图所示。公式如下: $$\Delta h = H\left(1 - \sqrt{1 - \frac{x^2}{S^2 + H^2}}\right)$$ 式中:Δh 为轴偏离底面盲区;H 为工件厚度;x 为轴偏离值;S 为 1/2 探头中心距。进行偏置扫查后,当偏置量为 20 mm 时,通过计算,距离焊缝中心 30 mm 位置处的底面盲区为 0.3 mm
10	打磨宽度	焊缝每侧最小打磨宽度为 118 mm(1/2 探头中心距(166 mm) + 偏置 20 mm + 探头后部区域 15 mm = 118 mm),应清除焊接飞溅、铁屑、油垢及其他杂质
11	扫查面准备	检测表面应平整,其表面粗糙度 Ra 值不低于 12.5 μm。如果焊缝表面有咬边、较大的隆起和凹陷等也应进行适当的修磨,并做圆滑过渡以免影响检测结果的评定
12	探头中心间距	厚度分区为:第 1 区 0~2/5t,即 0~24 mm;第 2 区 24~60 mm。由此,第 1 区声速聚焦。点为 2/3 × 24 = 16 mm,则探头中心距 = 2 × 16 mm × tan 70° = 88 mm;第 2 区声束交点深度为 2/3 × (60 − 24) + 24 = 48 mm,故探头中心距 = 2 × 48 mm × tan 60° = 166 mm
13	楔块延迟	声束在楔块中的传播时间,此工艺指两楔块的总延迟时间。按照操作指导书规定的方法进行实测
14	楔块前沿	声束入射点至探头前端的距离。此工艺为单个楔块前沿值。按照操作指导书规定的方法进行实测
15	−12 dB 声束扩散角	与主声相差 12 dB 的上、下声束角度,按照标准应按作业指导书规定的方法进行实际测量。此处为理论计算值

表（续）

序号	参数	编制说明
16	时间窗口设置	最上分区的时间窗口的起始位置设置为直通波到达接收探头前 0.5 μs 以上，最下分区的时间窗口的终止位置设置为底面反射波到达接收探头后 0.5 μs 以上；本工艺的覆盖方法为：第 2 区向上单向覆盖第 1 区厚度的 25%，即第 2 区时间窗口覆盖的厚度范围为：18 ~ 60 mm，通过计算，本工艺时间窗口设置见操作指导书
17	偏置量	经验取值后（一般取焊缝覆盖范围的 1/4），试算判断是否可行

一、计算说明

1. 仪器：独立四通道 TOFD 检测仪（仪器脉冲重复频率为 1 000 Hz）。

2. 一般规定：声压下降 12 dB 的扩散因子 $F_{-12\,dB} = 0.8$；钢中纵波声速为 5.95 mm/μs；楔块中纵波声速为 2.4 mm/μs；单个楔块延迟时间为 2.8 μs。

3. 焊缝热影响区宽度两侧各 10 mm。

二、计算过程

根据标准中表 5.7 的要求，检测分区数应为 2，第 1 区检测深度范围为 0 ~ 24 mm，第 2 区检测深度范围为 24 ~ 60 mm，计算如下：

1. 第 1 分区选择探头频率 7.5 MHz，晶片尺寸 $\phi 3$ mm，折射角为 70°：

探头中心距 $= 2 \times \tan 70° \times \dfrac{2}{3} \times 24$ mm $= 88$ mm；

楔块中声束扩散角 $\gamma_P = \arcsin(Fc_P/Df) = \arcsin\left(\dfrac{0.8 \times 2.4}{3 \times 7.5}\right) = 4.90°$；

楔块中纵波入射角度 $\theta_P = \arcsin(\sin\theta_L c_P/c_L) = \arcsin(\sin 70° \times 2.4/5.95) = 22.27°$；

楔块中上边界角 $\gamma_{P上} = \theta_P + \gamma_P = 22.27° + 4.90° = 27.17°$；

楔块中下边界角 $\gamma_{P下} = \theta_P - \gamma_P = 22.27° - 4.90° = 17.37°$；

钢中声束上边界角 $\gamma_{L上} = \arcsin(\sin\gamma_{P上} c_L/c_P) = \arcsin(\sin 27.17° \times 5.95/2.4) = 90°$；

钢中声束下边界角 $\gamma_{L下} = \arcsin(\sin\gamma_{P下} c_L/c_P) = \arcsin(\sin 17.37° \times 5.95/2.4) = 47.74°$；

扫查面盲区高度公式：

$$D_S = \sqrt{\dfrac{c^2 t_{PS}^2}{4} + Sct_{PS}} = 8.4 \text{ mm}$$

式中　c——5.95 mm/μs；

　　t_{PS}——直通波宽度，$t_{PS} = 2T = 0.133 \times 2 = 0.266$ μs；

　　S——1/2 探头中心距。

2. 第 2 区选择探头频率 5 MHz，晶片尺寸 $\phi 6$ mm，折射角为 60°：

探头中心距 $= 2 \times \tan 60°\left[\dfrac{2}{3} \times (60 - 24) + 24\right]$ mm $= 166$ mm；

楔块中声束扩散角 $\gamma_P = \arcsin(FC_P/Df) = \arcsin\left(\dfrac{0.8 \times 2.4}{6 \times 5}\right) = 3.67°$；

楔块中纵波入射角度 $\theta_P = \arcsin(\sin\theta_L c_P/c_L) = \arcsin(\sin 60° \times 2.4/5.95) = 20.45°$;

楔块中上边界角 $\gamma_{P\perp} = \theta_P + \gamma_P = 20.45° + 3.67° = 24.12°$;

楔块中下边界角 $\gamma_{P\top} = \theta_P - \gamma_P = 20.45° - 3.67° = 16.78°$;

钢中声束上边界角 $\gamma_{L\perp} = \arcsin(\sin\gamma_{P\perp} c_L/c_P) = \arcsin(\sin 24.12° \times 5.95/2.4) = 90°$;

钢中声束下边界角 $\gamma_{L\top} = \arcsin(\sin\gamma_{P\top} c_L/c_P) = \arcsin(\sin 16.78° \times 5.95/2.4) = 45.70°$;

综 合 训 练

一、选择题

1. 使用更高的频率,而没有改变探头晶片尺寸会导致探头的(　　)。

A. 分辨力降低,信噪比提高,声束扩展加大

B. 分辨力提高,信噪比降低,声束扩展减小

C. 分辨力提高,信噪比提高,声束扩展加大

D. 分辨力降低,信噪比降低,声束扩展减小

2. 已知钢中声速为 5.95 mm/μs,聚苯乙烯塑料楔块中的声速为 2.4 mm/μs,则欲得到声束在钢中 70°的折射角,声束在楔块中的角度应为(　　)。

A. 16.57°　　　　　　　　　　　　B. 18.36°

C. 20.44°　　　　　　　　　　　　D. 22.27°

3. 在发现缺陷的初始扫查阶段,选择探头的主要考虑是(　　)。

A. 提高分辨力,所以应选择高频率和小直径探头

B. 提高信噪比,所以应选择低频率和大直径探头

C. 提高声束强度,所以应选择高频率和大直径探头

D. 提高声束的覆盖范围,所以应选择低频率和小直径探头

4. TOFD 检测中,70°探头与 45°探头相比的优点是(　　)。

A. 70°探头分辨力更高一些

B. 70°探头信噪比更高一些

C. 70°探头声束覆盖范围更大一些

D. 70°探头近表面盲区更小一些

5. 以下关于选择 PCS 的叙述,哪一条是正确的?(　　)

A. 选择较大的 PCS 有利于提高分辨力

B. 选择较大的 PCS 有利于提高信噪比

C. 选择较大的 PCS 有利于获得较大的覆盖范围

D. 选择较大的 PCS 有利于减小盲区

6. 采用 60°探头检测 40 mm 厚的焊缝的根部缺陷,应选择的 PCS 是(　　)。

A. 69 mm　　　　　　　　　　　　B. 138 mm

C. 92.35 mm　　　　　　　　　　　D. 112 mm

7. 用试块窄槽的端点信号来设置增益时,正确的做法是(　　　)。

A. 校准试块厚度和材质应与被检测工件相同或相近

B. 窄槽应开在试块的 1/4 厚度处和 3/4 厚度处

C. 应采集在上表面开口的窄槽的下端点信号进行校准

D. 以上都对

8. 用晶粒噪声设置增益,最需要防止的一个错误是(　　　)。

A. 设置的增益过低

B. 设置的增益过高

C. A 扫描参数设置出错

D. PCS 计算出错

9. 为了确保工件的所有被检区域的检测有效性,区域边界处的晶粒噪声(或背景灰度)的波幅应不低于焦点处晶粒噪声的波幅(　　　)。

A. 12 dB   B. 18 dB

C. 24 dB   D. 30 dB

10. 为确认采集到的 TOFD 数据是有效的,应该检查什么?(　　　)

A. 仪器合格证书

B. 直通波的到达时间

C. 直通波和底面反射波相位变化

D. B 和 C 都正确

11. 以下哪个信号不应被显示在 TOFD 窗口内?(　　　)

A. 底面的波型转换信号

B. 直通波信号

C. 起始信号

D. 底面的反射纵波信号

12. TOFD 检测的扫查速度受到以下哪一因素的限制?(　　　)

A. 信号的平均化   B. 数据文件的大小

C. 探头中心距   D. 以上所有因素

13. 以下关于探头中心距的说法正确的是(　　　)

A. 由焊缝余高的宽度决定   B. 越大越好

C. 越小越好   D. 通过计算和工件厚度决定

14. A 扫描信号被数字化的时间窗的起始点和终点的设置应该是(　　　)。

A. 从直通波之前一点点到刚刚超过底面反射纵波信号处

B. 从直通波之后一点点到刚刚超过底面反射纵波信号处

C. 从直通波之前一点点到刚刚超过第一种底面反射变形波处

D. 从直通波之后一点点到刚刚超过第一种底面反射变形波处

15. 用 65° 探头检测 50 mm 厚度的焊缝,如果聚焦点选择在底面,已知声速为 5.95 mm/μs,则底面反射波到达的时间为(　　　)。

A. 25.8 μs   B. 39.77 μs

C.19.1 μs   D.31.2 μs

16.以下哪一条不是 A 扫描中没有信号的原因（ ）。

A.楔块中的耦合剂干了

B.连接到探头的电缆断了

C.增益设置低了

D.脉冲重复频率设置低了

17.以下哪些信号必须显示在正常的 TOFD 扫查中（ ）。

A.直通波、底面反射波、底面的波型转换信号

B.始脉冲波、直通波、底面反射波

C.始脉冲波、底面反射波、底面的波型转换信号

D.始脉冲波、直通波、底面的波型转换信号

18.以下关于上端点衍射波相位的叙述，哪一条是正确的（ ）。

A.与底面反射波相位相同，且与直通波相位相反

B.与始脉冲波相位相同，且与底面反射波相位相同

C.与始脉冲波相位相同，且与直通波相位相反

D.与直通波相位相同，且与底面反射波相位相同

19.近表面开口缺陷会阻碍什么信号的显示（ ）。

A.底面的波型转换信号   B.直通波

C.底面反射波   D.以上都不是

20.具有可测高度的内部缺陷，由什么来识别？（ ）

A.底面反射波受干扰

B.单个衍射信号在直通波和底面反射波之间

C.两个相反相位的衍射信号在直通波和底面反射波之间

D.两个相反相位的衍射信号在直通波和底面波型转换波之间

21.TOFD 检测时，探头频率的选择（ ）。

A.与工件厚度无关

B.工件厚度越大，频率越低

C.工件厚度越大，频率越高

D.5 MHz

22.TOFD 检测用的探头必须具有（ ）。

A.窄声束扩展来提高纵向分辨力

B.窄声束扩展来确保受检区域的覆盖

C.宽声束来提高横向分辨力

D.宽声束来覆盖被检测的整个焊缝区域

23.TOFD 探头频率越低，则（ ）。

A.近场长度 N 越大，分辨力越差，上表面盲区越大

B. 近场长度 N 越小, 分辨力越好, 上表面盲区越大

C. 近场长度 N 越小, 分辨力越差, 上表面盲区越小

D. 近场长度 N 越小, 分辨力越差, 上表面盲区越大

24. TOFD 探头晶片尺寸越小, 则(　　　)。

A. 声束扩散越大, 近场长度 N 越小, 辐射超声能量越低

B. 声束扩散越大, 近场长度 N 越小, 辐射超声能量越高

C. 声束扩散越大, 近场长度 N 越大, 辐射超声能量越低

D. 声束扩散越小, 近场长度 N 越小, 辐射超声能量越低

25. 使用两对探头进行非平行扫查, 已知系统设定的脉冲重复频率是 1 024 Hz, 并使用了 4 次叠加来进行信号平均处理, 如果扫查速度是 30 mm/s, 则对于任一对 TOFD 探头, 获得一个 A 扫描信号的时间内探头移动距离为(　　　)。

A. 0.85 mm   B. 0.50 mm

C. 5.27 mm   D. 0.23 mm

26. 检测筒形工件的纵向焊缝, 建议在焊缝两侧各进行一次偏置非平行扫查, 其主要目的是(　　　)。

A. 提高缺陷长度测量的精度

B. 增大有效检测范围

C. 消除底面焊缝成形不良的影响

D. 有利于发现焊缝中的横向缺陷

27. 二次波检测是一种特殊的检测工艺, 关于二次波检测的叙述, 哪一条是错误的?(　　　)

A. 二次波检测可以解决焊缝余高过宽影响探头设置的困难

B. 二次波检测可以解决直通波盲区造成的近表面裂纹漏检

C. 二次波检测以二次反射表面产生的波作为底面波

D. 二次波检测时探头中心距不能太大, 以确保回波在底面反射波波型转换之前到达

28. 使用变形波检测的一个优点是(　　　)。

A. 能更准确地测量缺陷高度

B. 能更准确地测量缺陷长度

C. 更有利于发现和判断上表面附近的缺陷

D. 更有利于发现和判断底面附近的缺陷

二、简答题

1. TOFD 探头的声束覆盖范围与探头角度有怎样的关系?

2. 声束覆盖范围取决于哪些因素? 为什么要用试块来校验声束覆盖范围?

3. 减小探头角度会导致哪些不利和有利的影响?

4. 有哪些措施可以提高分辨力?

5. 提高频率会导致哪些有利和不利的影响?

6. 减小探头晶片尺寸会导致哪些有利和不利的影响?

7.探头选择的主要参数是哪些?对大曲率薄壁工件检测应选择什么探头?

8.如何解决宽度方向检测区域的覆盖?如何解决深度方向检测区域的覆盖?检测区域的覆盖应如何确认?

9.选择 TOFD 检测的探头中心距时,应该考虑哪些因素?

10.探头中心距对上、下表面盲区有什么影响?

11.系统增益设置不当会导致哪些后果?波幅在 TOFD 检测中有哪些用途?

12. TOFD 检测的增益设置有几种方法?

13.如何采用直通波设置灵敏度?哪些情况不能用直通波设置灵敏度?

14.如何用被检测工件中的噪声水平来设置增益?

15.如何用底面反射波来设置增益?

16.在使用多探头检测时,试块的尖角槽应如何加工?

17.以侧孔设置增益应注意哪些问题?

18.扫查增量应如何设置?

19.有哪些措施可以减小上表面盲区范围?

20.对盲区检测有哪些补充措施?

三、计算题

1.设钢中纵波声速为 5.95 mm/μs,采用折射角 60°的探头对钢工件进行 TOFD 检测,PCS 设定为 80 mm,工件壁厚为 30 mm,则直通波与底面反射波之间的时间差大约为多少?

2.设声速为 5.95 mm/μs,使用频率 5 MHz,折射角 45°探头探测 45 mm 厚工件,聚焦深度在 $2t/3$ 处,此时直通波与底面反射波之间的信号周期大约为多少个?

3.用 10 MHz、$\phi3$ mm、60°和 5 MHz、$\phi6$ mm、70°探头检测壁厚 40 mm 焊缝,探头聚焦深度在 $2t/3$,试通过计算来比较两种探头的分辨力和声束覆盖范围。

4.探测 150 mm 厚焊缝,分 3 个区进行扫查,选择的探头为:第 1 对探头 7 MHz、$\phi3$ mm、60°,第 2 对探头 5 MHz、$\phi6$ mm、60°,第 3 对探头 2.5 MHz、$\phi6$ mm、45°。

(1)如果第 1 对探头聚焦在 20 mm,第 2 对探头聚焦在 70 mm,第 2 对探头聚焦在 130 mm,试计算各对探头的 PCS?

(2)第 1 对探头衍射角度为 40°的深度是多少?

(3)第 3 对探头对底面缺陷的衍射角度是多少?

第6章 缺陷信号特征和数据评定

学习目标

1. 通过学习相关显示信号特征,结合确定信号特征的辅助扫查,知道表面开口型缺陷显示和埋藏型缺陷显示的分类和特征,熟悉焊接缺陷和形状缺陷回波特征。

2. 熟悉横波和波型转换信号的识别,识别不平行缺陷并能够进行测量。

3. 通过学习相关显示和非相关显示的记录和测定要求,熟悉缺陷位置和尺寸的测定要点,掌握数据评定时需要注意的因素。

4. 结合行业标准,能够进行缺陷评定与质量分级。

6.1 相关显示信号特征

相关显示是 TOFD 图像中由缺陷引起的显示。非相关显示是由于工件的外形结构或材料冶金等非缺陷引起的显示。相关显示分为表面开口型缺陷显示和埋藏型缺陷显示,如图 6.1 所示。

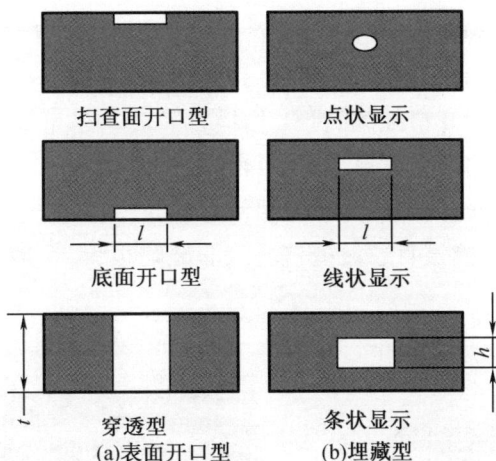

图 6.1 TOFD 检测的缺陷分类示意图

表面开口型缺陷显示可细分为如下 3 类:

(1)扫查面开口型;

(2)底面开口型;

(3)穿透型。

埋藏型缺陷显示可细分为如下 3 类：

(1)点状显示；

(2)线状显示；

(3)条状显示。

缺陷的类型及位置、高度及长度是 TOFD 技术的检测结果评定分级的基本依据。需要指出的是,上述分类只是按照缺陷位置和尺寸划分了缺陷的类型,并没有要求确定缺陷的性质。缺陷性质对于判断其危害性,在使用过程中是否会扩展而导致破坏十分重要,但由于 TOFD 技术的局限性,根据其信号特征和图像尚不能准确判断缺陷的性质,所以到目前为止,有关技术规范和标准一般并不要求对发现的缺陷定性。

在应用常规脉冲回波超声技术检测时,有经验的人员可以从信号的 A 扫描波形和其在焊缝中的位置,以及对材料特性、焊接技术的认识和工厂质量管理情况,综合分析推测该缺陷的性质。对 TOFD 技术来说同样如此,并没有更有效的手段可用,除了信号特征外,相关常识和尽可能多的背景知识是缺陷定性的重要依据。

对于脉冲回波,随着探头角度而变化的信号幅度有助于判别体积型缺陷和平面型缺陷,但是对于 TOFD 技术来说,这种方法不能采用,必须使用其他的线索。对 TOFD 技术,缺陷定量和定性的一个重要线索就是尖端衍射信号的相位。与直通波相位相同的信号是下尖端产生的衍射信号,与直通波相位相反的信号是上尖端产生的衍射信号。

6.1.1 扫查面开口缺陷信号特征

扫查面开口缺陷有 2 个特征：

(1)直通波消失或下沉；

(2)仅可观察到一个端点(缺陷下端点)产生的衍射信号,且与直通波同相位。

这一类缺陷的 A 扫描直通波信号会消失,图像中的直通波会断开,如图 6.2 所示。但对长度或高度较小的上表面开口缺陷,其 A 扫描直通波信号可能并不会消失,仅仅是波幅减小；当缺陷下端点圆滑过渡时,直通波可以绕过缺陷下端点而不断开,但声程增加导致直通波下沉,如图 6.3 所示。此类缺陷的下尖端信号较弱,其相位与直通波相同。但对高度较小的缺陷,其下尖端信号可能被直通波掩盖。除非缺陷很大,一般情况底面波没有变化,且无异常变形波。

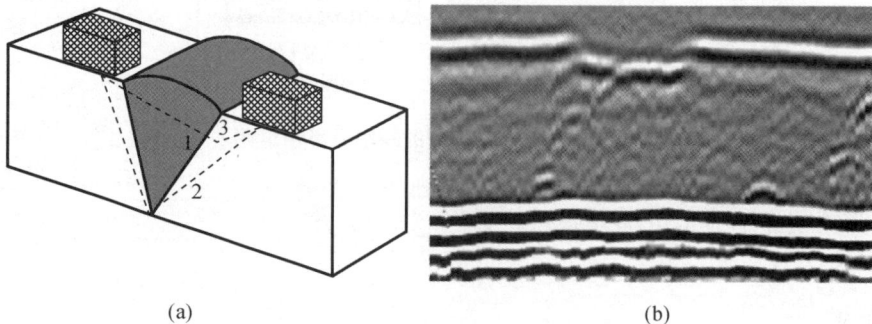

(a)　　　　　　　　　(b)

图6.2　扫查面开口裂纹的图像

采用平行扫查可以使扫查面开口缺陷的信号更容易分辨,其高度和端点的位置测量也更准确,如图 6.4 所示。

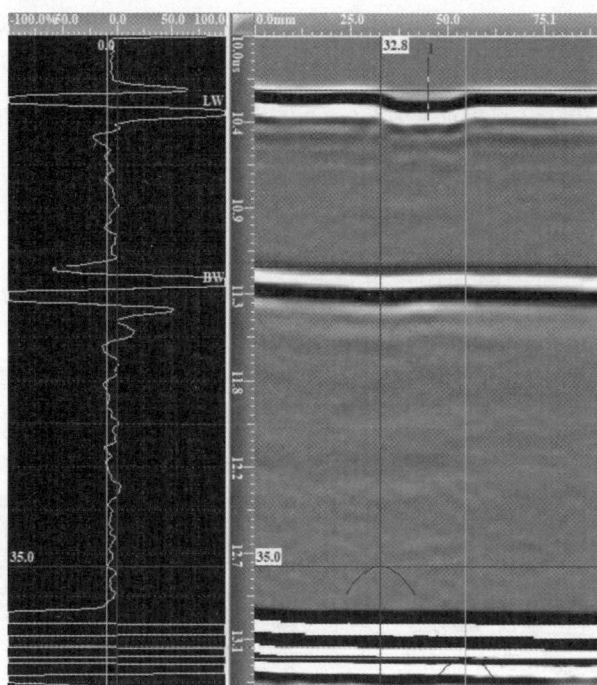

图 6.3　扫查面开口槽信号显示

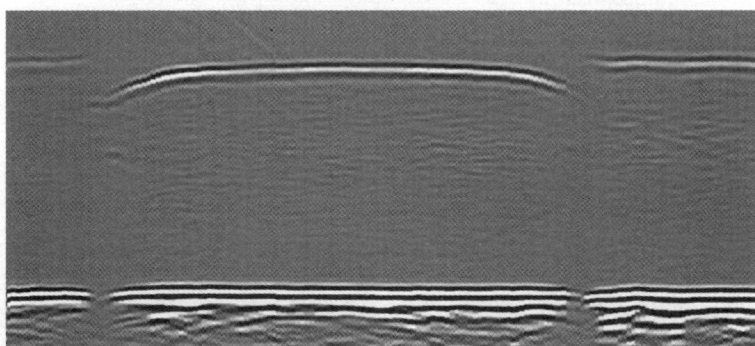

图 6.4　扫查面开口缺陷的平行扫查图

如果扫查面开口缺陷的下尖端的信号被直通波掩盖,可采用直通波去除(差分)的处理方法使信号显示出来。

如果扫查时探头相对工件提离,耦合剂厚度发生变化,图像中的直通波就会扭曲或上下跳动,影响表面开口缺陷的识别,这时需要使用软件进行拉直处理。为了保存掩盖在直通波内的真实信号,应采取拉直图像的底面波信号,而不是拉直直通波信号来进行处理,拉直直通波和拉直底面反射波的效果是一样的,因为探头提离时直通波和底面反射波信号是同时移动的。

扫查面开口缺陷的定性可通过目视观察,或应用磁粉、渗透等表面检测方法确认。如果较大的裂纹在表面只有很小开口,表面检测难以判断,可以使用爬波探头检测验证,或使横波斜探头的一次反射波来检测验证。

6.1.2 底面开口缺陷信号特征

底面开口缺陷的 2 个主要特征是:

(1)底面反射波消失或减弱;

(2)仅有上尖端衍射。

尖端信号相位与直通波相反。除非缺陷很大,一般情况下直通波没有变化。如果底面开口缺陷高度很小,则底面反射波信号将几乎不发生变化,如图 6.5 所示。

如果高度很大,则 A 扫描信号会消失,图像中的底面反射波会断开,如图 6.6 所示。如果缺陷高度不太大,其 A 扫描信号可能并不会消失,仅仅是波幅减小,图像中的底面反射波并不完全断开,仅仅信号减弱而灰度变浅或因传输时间延长而下沉,如图 6.7 所示。

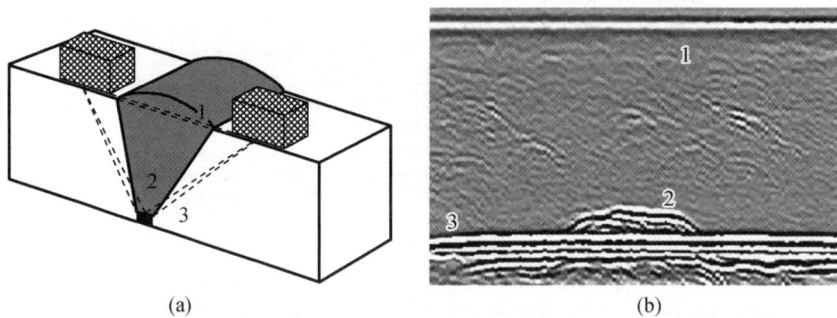

(a)　　　　　　　　　　　　　　(b)

图 6.5　根部未焊透 TOFD 图像

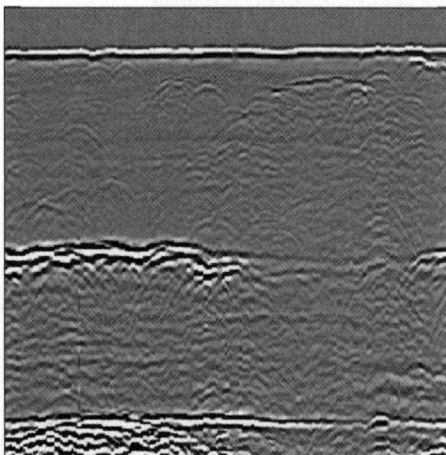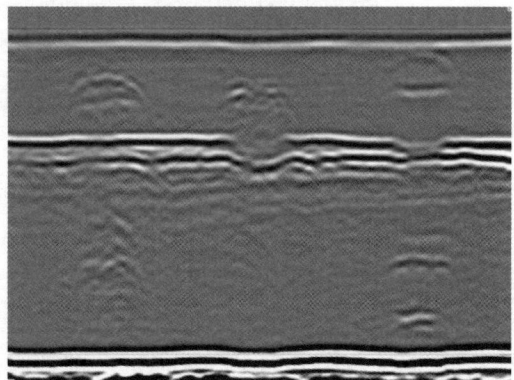

图6.6　高度很大的底面开口缺陷(底面反射波消失)　　图 6.7　中等高度的底面开口缺陷(部分底面反射波切断)

靠近底面的信号的识别是比较困难的,因为底部可能发生的缺陷种类众多,例如裂纹、条状夹渣、条形气孔、未熔合、未焊透、内凹、错边、根部腐蚀等。另一方面,对底部缺陷的验证也比对扫查面缺陷的验证困难。

可以通过比较上尖端信号波幅来区分裂纹和其他缺陷。来自裂纹上尖端的信号很弱,而内凹和条形缺陷能产生比裂纹尖端更强的信号,比较图 6.7 与图 6.8(a)可以看到这一现象。

如果一个底面开口的缺陷具有图 6.8(b)所示的轮廓,其 TOFD 信号就如图 6.8(a)所示,缺陷图形向两边有较大的延伸,与底面反射波连接是清晰和连续的。而当缺陷轮廓相对于底面边缘形成大角度过渡时,衍射的有效能量下降,信号就可能不会延伸到底面。例如下表面裂纹或表面气孔,其 TOFD 信号与底面反射波连接往往是不清晰和连续的。

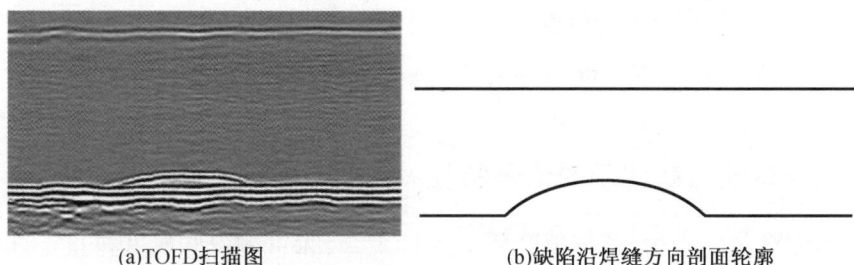

(a)TOFD扫描图　　　　　　　　　　(b)缺陷沿焊缝方向剖面轮廓

图 6.8　高度很小的底面开口弧形槽(缺陷与底面呈小角度过渡)

图 6.9(a)是砂轮打磨的沟槽信号显示,图 6.9(b)是底面气孔的信号显示。前者缺陷与工件形成小角度过渡,因此缺陷信号与底面反射波是连续的,后者缺陷与工件形成大角度过渡,缺陷信号与底面反射波是不连续的。

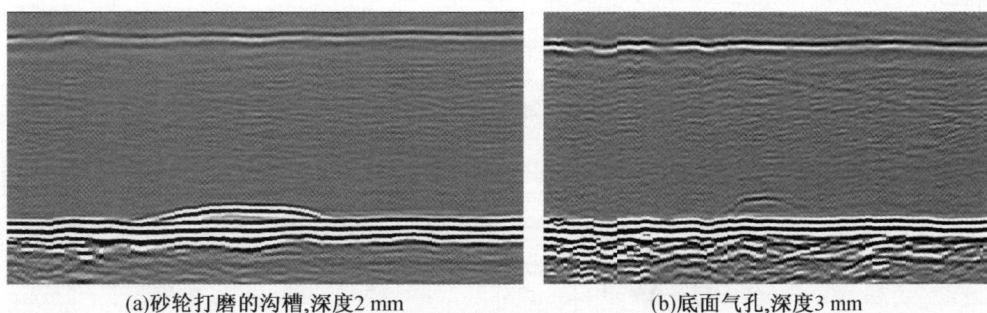

(a)砂轮打磨的沟槽,深度2 mm　　　　　　　(b)底面气孔,深度3 mm

图 6.9　缺陷与工件小角度过渡和大角度过渡的图像

6.1.3　穿透型缺陷的特征

穿透型缺陷会导致所有信号缺失或减小,可能会出现整个图像从上到下的不连续,直通波和底面反射波都会有断开的迹象,比较容易识别,如图 6.10(a)所示。直通波和底面反射波消失,穿透部位衍射信号左右一致。在扫查过程中,如果发生探头与表面耦合不良的情况而导致信号丢失,也会出现图像不连续的类似情况,如图6.10(b)所示,必须注意不能与穿透型缺陷混淆。只要图像不连续,无论哪一种情况都不能轻易放过,需要仔细辨认,重复检测。

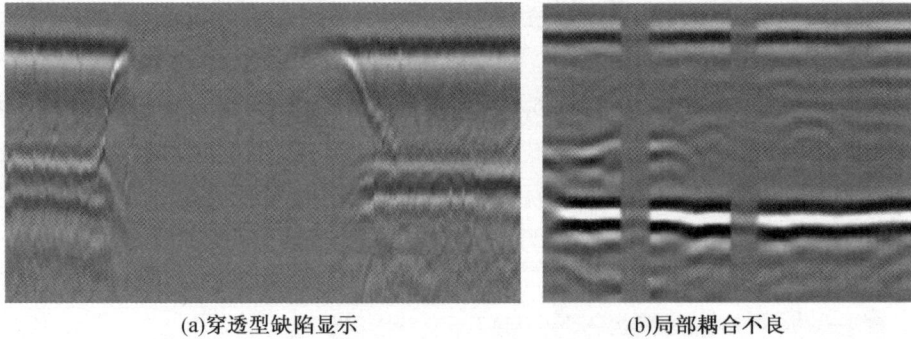

<table>
<tr><td>(a)穿透型缺陷显示</td><td>(b)局部耦合不良</td></tr>
</table>

图6.10　穿透型缺陷显示与局部耦合不良

6.1.4　埋藏的点状显示的信号特征

　　点状显示为双曲线弧状,且与拟合弧形光标重合,无可测量长度和高度。体积型埋藏缺陷的典型实例是气孔和夹渣。小夹渣和气孔的长度和高度很小,D扫描中产生的信号呈现弧形。如果气孔和夹渣有一定长度,信号会有一段对应长度的平坦显示,如图6.11所示。一般来说,它们高度很小,不可能有明显的上尖端和下尖端信号,如图6.12所示。这些缺陷形状容易识别,且一般不写入报告中。如果存在密集气孔,就有必要测量其体积。如果超出标准的规定,就需要报告它的大小,如图6.13所示。对密集气孔群的图像,如果使用SAFT处理,可以得到更清晰的显示。

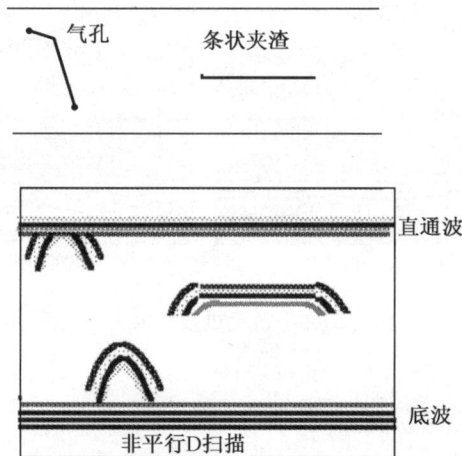

图6.11　D扫描中气孔和夹渣的显示

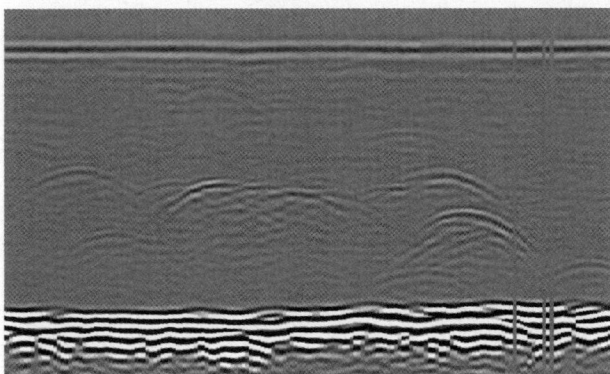

图 6.12　点状夹渣显示

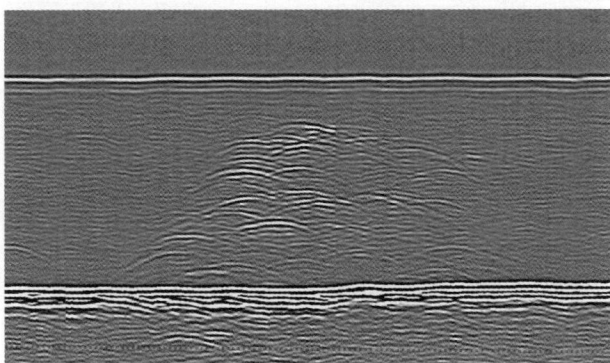

图 6.13　数量较多的点状缺陷显示

6.1.5　埋藏的线状显示的信号特征

线状显示信号为细长状,无可测量高度。埋藏的线状显示主要是指条状夹渣和条形气孔,当然也包括一些自身高度较小(例如小于 1 mm)的未焊透、未熔合和裂纹等缺陷。

一般来说,能从信号或图像中分辨出气孔或者夹渣高度的情况很少,因为它们不仅高度很小,而且上尖端和下尖端信号不够明显。从圆形反射体发出的信号,如气孔和夹渣,上部反射信号较强,得不到衍射信号,只有下部的回波是衍射产生的。虽然这两个信号有相位差,但是难以辨认。条状夹渣往往会断成几节,如图 6.14、图 6.15 所示。

6.1.6　埋藏的条状显示的信号特征

条状显示信号为长条状,可见上、下两端产生的衍射信号。埋藏的条状显示主要是指裂纹和未熔合,当然也包括一些自身高度较大的条状夹渣和条形气孔。

裂纹和未熔合都属于面积型缺陷,其信号比较相似。有一定高度的内部裂纹和未熔合的信号由上、下尖端衍射波组成,两个信号的相位相反,振幅比较弱,如图 6.16、图 6.17、图 6.18 和图 6.19 所示。相位信息非常重要,因为如果相位相同,信号就不是来自同一缺陷。

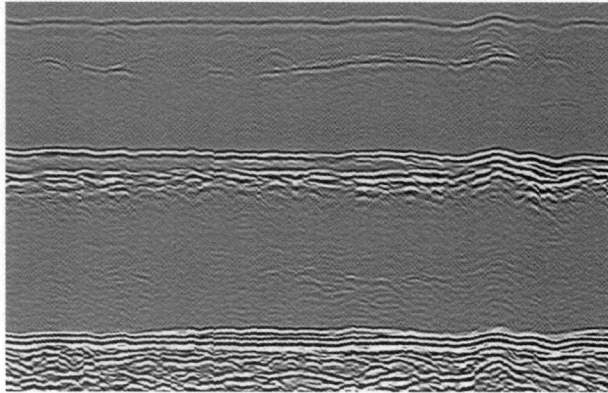

图 6.14　条状夹渣和分段夹渣显示

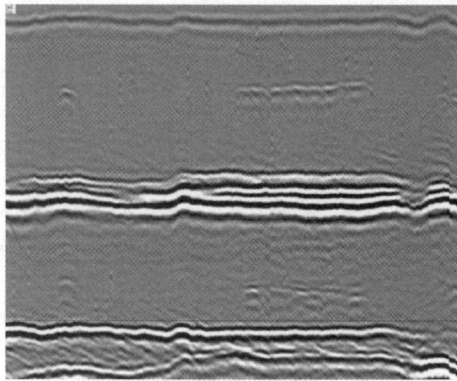

图 6.15　断续夹渣和单个夹渣显示

　　裂纹与未熔合信号有一些细微的区别，焊接产生的裂纹上、下端点一般不太规则，在深度平面上很少是一条直线；有些裂纹除上、下端点信号外，在两者之间可能还有其他杂散信号。未熔合与裂纹相比，其上、下端点信号比较规则，在深度平面上基本为直线或曲线，除上、下端点外，其他杂散信号较少。比较图 6.17、图 6.18、图 6.19，可以看出这种区别。

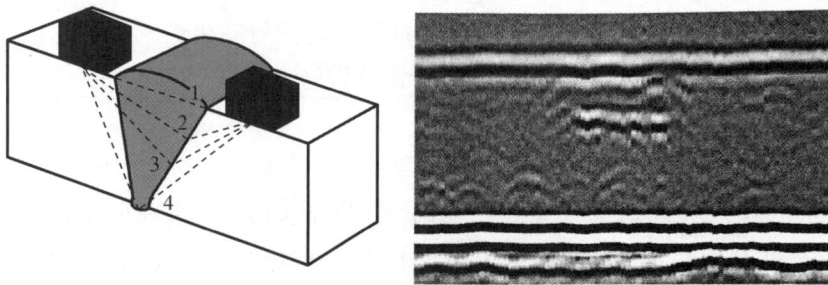

图 6.16　埋藏缺陷坡口未熔合

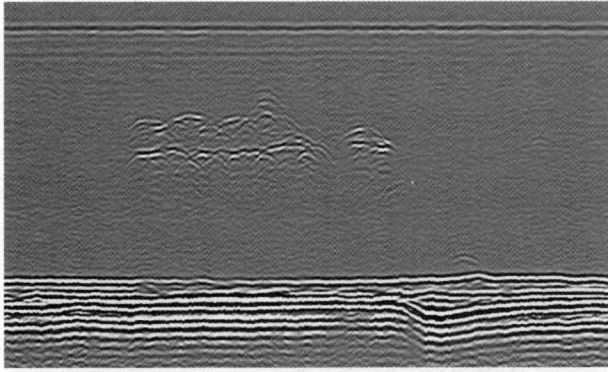

图 6.17　埋藏裂纹(材质:Q345R;厚度:62 mm;深度:35～42 mm)

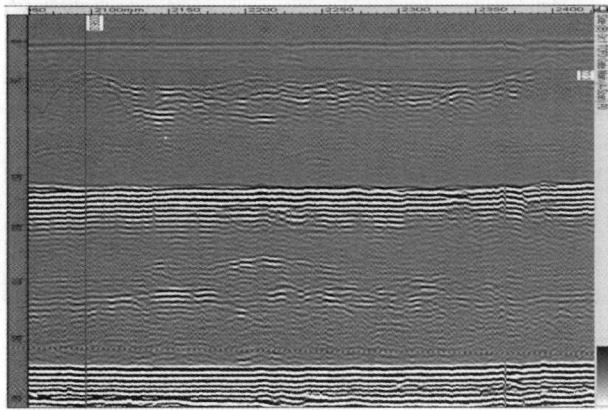

图 6.18　埋藏裂纹(材质:Q345R;厚度:50 mm;深度:22～35 mm)

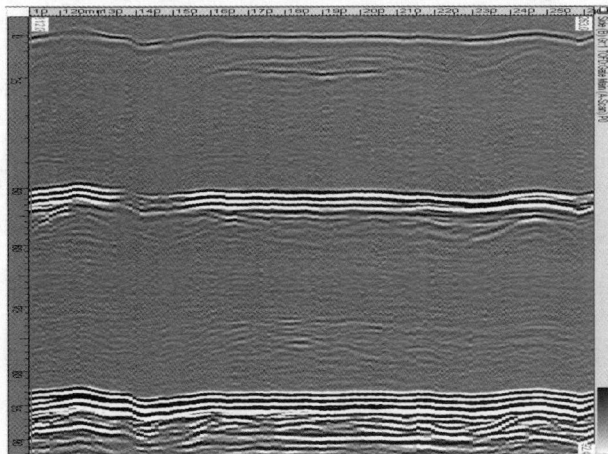

图 6.19　埋藏未熔合(材质:Q345R;厚度:50 mm;深度:17～23 mm)

　　如果埋藏的体积型缺陷(如条状夹渣)有足够的高度,其信号看起来有些像裂纹,但是通常其上端点信号要强得多,如图 6.20 所示,这是区分平面型缺陷和体积型缺陷的判据之一。但由于裂纹尖端轮廓有多种变化,所以这种幅度差别仅仅作为参考,不是绝对的。如果 TOFD 检测的结果不能确定,可以利用斜角横波探头来帮助区分平面型缺陷和体积型缺陷。

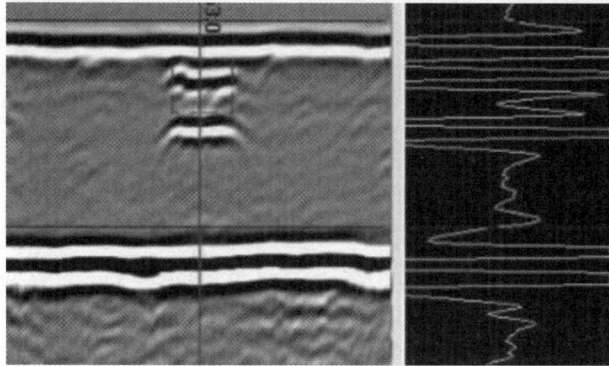

图 6.20 条状夹渣的信号(上端点信号波幅更强)

6.1.7 焊接根部缺陷和形状缺陷回波特征

1. 根部内凹

此类缺陷波纹图类似根部未焊透。在 TOFD 检测条纹图中,可见缺陷上端部信号条纹与实际形态相似。底面反射波信号条纹有点扰动,如图 6.21 所示。

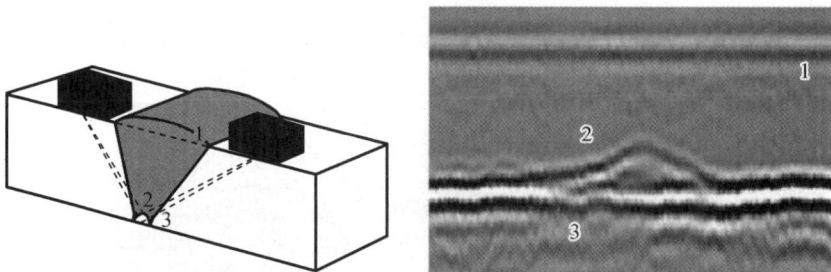

图 6.21 根部内凹 TOFD 检测图像

2. 根部腐蚀

对在用管道和容器,根部腐蚀是常见缺陷,用 TOFD 技术来检测焊缝根部的腐蚀是有效的方法,这种检测在海上石油工程中应用很多,如图 6.22 所示。

3. 焊缝形状缺陷

焊缝形状缺陷的存在会导致在 TOFD 扫查中出现靠近底面的信号,如果它们在高度上有变化,则在外形上看起来很像裂纹。通常焊缝形状缺陷会将底面反射波分成两条或更多条,其信号比裂纹信号长,波幅也高。尤其是错边,将导致双倍或更多倍数的底面反射波信号,该信号比裂纹信号要长得多,波幅也高得多。同样,TOFD 检测对不等厚的板对接焊缝或管对接焊缝的扫查也会导致双倍或更多倍数的底面反射波,而且,底面反射波会覆盖一部分需要检测的焊缝体积,如图 6.23 和图 6.24 所示。

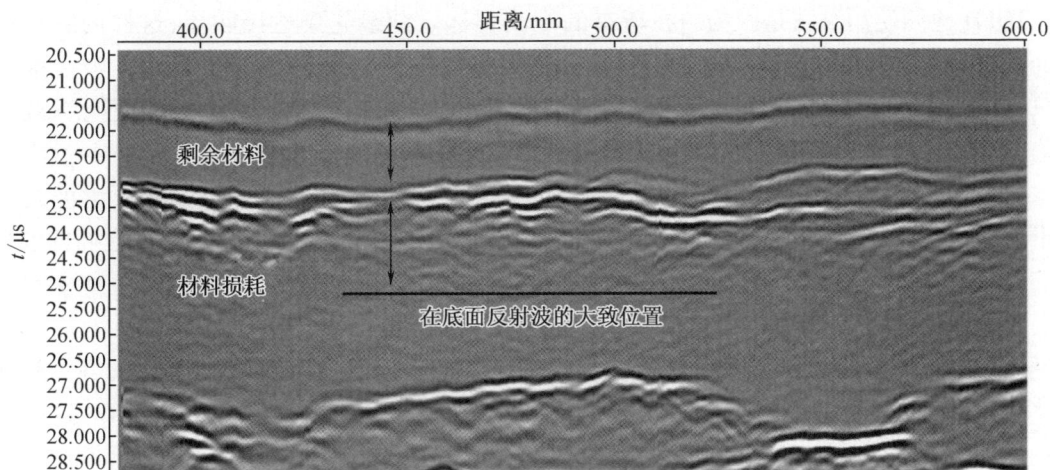

图 6.22　焊缝根部严重腐蚀显示

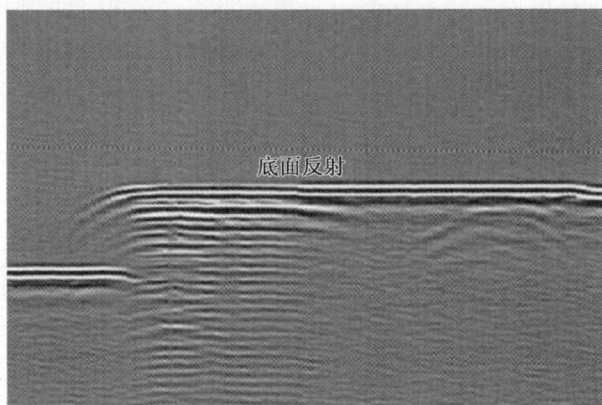

图 6.23　壁厚变化造成的显示

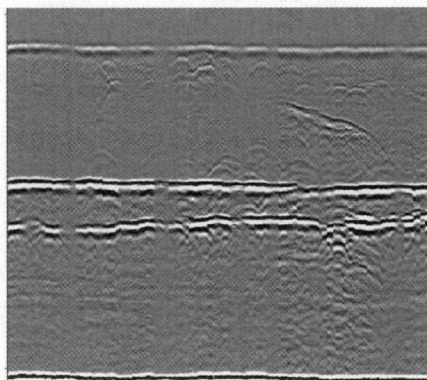

图 6.24　壁厚不等造成的两次底面反射

6.1.8 横波和波型转换信号的识别

TOFD 检测使用纵波是因为它在所有的横波到达之前最先到达接收器,这样用纵波信号的传输时间来测量和计算衍射点深度就简便易行。一般情况下,纵波底面反射波之前应该只有纵波信号,不会出现横波信号或变形波信号,这里变形波是指发生波型转换:纵波在缺陷端点衍射转换为横波,或横波在缺陷端点衍射转换为纵波。

但在实际检测中,可能 TOFD 扫描图上看见波型转换信号出现在纵波底面反射波之前或出现在纵波信号观测区,给信号的识别和解释带来困难,有两种情况容易出现这种现象:

1. 厚工件进行非平行扫查时探头中心距(PCS)过小

正常检测按照 $2t/3$ 法则设置 PCS,在纵波信号观测区是不会出现波型转换干扰信号的。但在厚工件检测的分区扫查时,最近的一个区的 PCS 较小,有可能是变形波信号跑到纵波底面反射波前面,或者跑到设定的深度显示范围里。通过一例计算来说明 PCS 过小会导致变形波信号出现的现象。

例 1 检测厚度 60 mm 焊缝,分两个区进行扫查,第 1 对探头角度为 60°,聚焦在 20 mm 处,如图 6.25 所示,分别计算:(1)第 1 对探头的 PCS;(2)纵波底面反射波信号到达时间;(3)30 mm 深度气孔的纵波入射纵波反射信号到达时间;(4)10 mm 深度的裂纹下端点的变形波(纵波入射横波衍射)信号到达时间;(5)裂纹下端点的变形波信号会在观测区的哪一深度上出现?

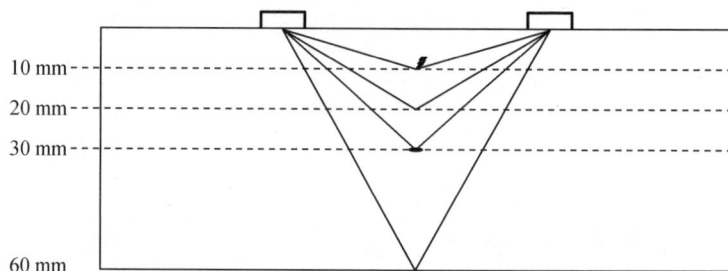

图 6.25 PCS 过小导致变形波信号出现的图示

解:(1)第 1 对探头的 PCS:
$$PCS = 2 \times 20 \text{ mm} \times \tan 60° = 69.28 \text{ mm}, S = 34.6 \text{ mm}$$
(2)纵波底面反射波信号达到时间:
$$t = \frac{2\sqrt{60^2 + 34.6^2}}{5\ 950} \text{ s} = 0.023\ 28 \text{ s}$$
(3)30 mm 深度气孔的纵波入射纵波反射信号到达时间:
$$t_1 = \frac{2\sqrt{30^2 + 34.6^2}}{5\ 950} \text{ s} = 0.015\ 39 \text{ s}$$
(4)10 mm 深度的裂纹下端点的变形波(纵波入射横波衍射)信号到达时间:
$$t_2 = \left(\frac{\sqrt{10^2 + 34.6^2}}{5\ 950} + \frac{\sqrt{10^2 + 34.6^2}}{3\ 230} \right) \text{ s} = (0.006\ 05 + 0.011\ 15) \text{ s} = 0.017\ 2 \text{ s}$$

（5）与变形波信号同时到达的纵波信号的深度：

$$X = \sqrt{\frac{t_2^2 \times c^2}{4} - S^2} = \sqrt{\frac{0.017\,2^2 \times 5\,950^2}{4} - 34.6^2}\ \text{mm} = 37.7\ \text{mm}$$

答：裂纹下端点的变形波信号会在观测区的 37.7 mm 深度上出现。

在分两个区扫查时，如果第 1 对探头的时间窗口设置完全覆盖在第 2 个区，显示纵波底面反射波，则 10 mm 深的裂纹的波型转换信号就会出现在底面反射波之前。即使第 1 对探头的时间窗口设置没有完全覆盖第 2 个区，只要设置的扫描深度范围超过 37.7 mm，就会出现上述变形波信号显示。

2. 平行扫查时近表面存在缺陷

探头经过近表面裂纹缺陷上方的平行扫查，如图 6.26 所示。首先经过的是接收探头 X，它处于接近裂纹的位置；远离裂纹的是发射探头 Y，它发出纵波到达裂纹尖端发生波型转换，变为横波被探头 X 接收，这时是 B 扫描图下面靠左边的信号Ⅰ；探头继续移动，探头 Y 发出的纵波在裂纹尖端衍射，以纵波被探头 X 接收，这时是 B 扫描图中上部的信号Ⅱ；探头继续移动，当探头 Y 处于接近裂纹的位置时，发出的横波到达裂纹尖端时发生波型转换，变为纵波被远离裂纹的另一个探头 X 接收，这时是 B 扫描图中下面靠右边的信号Ⅲ。最终得到的扫插图是正常的衍射图两边伴有两个相似的图形。

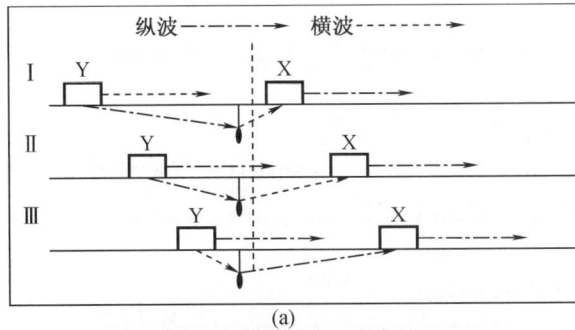

(a)

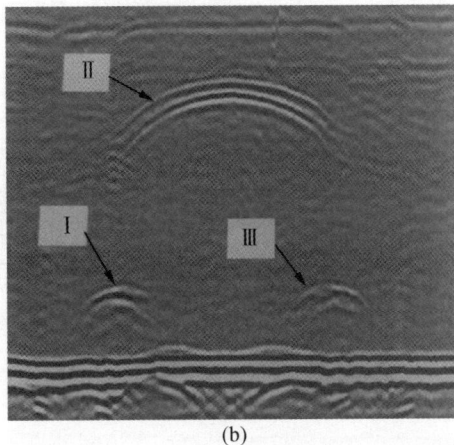

(b)

图 6.26　平行扫查的波型转换信号

平行扫查的波型转换信号可能先于底面反射波,也可能后于底面反射波,这取决于缺陷在工件中的位置,如离扫查面较近,波型转换信号就先于底面反射波;而离扫查面较远,波型转换信号就后于底面反射波。

6.1.9　不平行缺陷的特征

在分析软件中采用的抛物线指针模拟的是点状信号的形状。测量缺陷的长度时,首先将抛物线指针与显示的左端弧形拟合,然后与右端弧形拟合,标注出两个位置之间的距离,就是该缺陷的长度。通常,相对于裂纹末端的衍射信号,抛物线指针应该能很好地拟合信号的两侧。然而,如果裂纹是斜的或者形状有改变,则该拟合效果可能很差,如图6.27所示。如果出现这种情况应想到可能是形状改变而造成的。

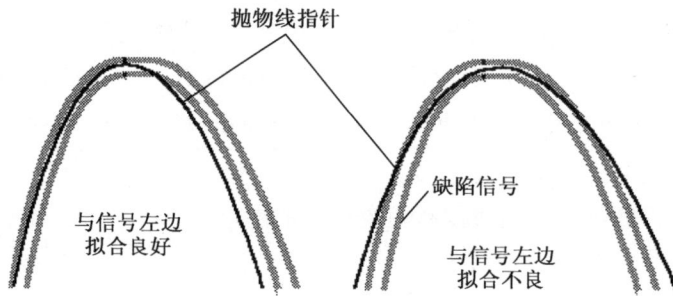

图6.27　抛物线指针是否与缺陷轮廓吻合

如果沿焊缝方向的缺陷形状有变化,则衍射的有效能量减少。如果缺陷是倾斜的而且斜率很大,在D扫描中,不仅信号的幅度会变化而且信号的深度也会改变。图6.28给出了一些示例,可从信号显示幅度和深度的变化推测缺陷的轮廓。

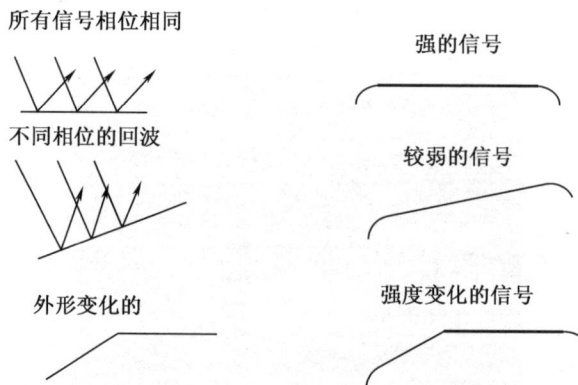

图6.28　缺陷轮廓改变导致信号强度改变

6.1.10　横向缺陷

焊缝中的线性缺陷并不都是平行于焊缝方向的,横向缺陷即与焊缝呈一定的角度的缺陷,在缺陷中时有发生。在常规脉冲回波法中,可将探头倾斜转动来寻找从横向裂纹产生的反射。

在 TOFD 检测非平行扫查方式中,探头沿着焊缝扫查,可以得到横向裂纹的衍射信号,但是由于信号没有长度,很可能被忽略。因为非平行扫查的横向裂纹显示看起来像是来自一个很小反射体的信号,比如气孔。

由于在沿着焊缝的非平行扫查中很可能漏掉横向缺陷。因此在检测技术条件中明确是否需要检测横向裂纹是非常重要的。如果需要检测横向裂纹,则对非平行扫查中的每个小信号都需要做进一步检测。可采用的检测方法包括:沿着焊缝方向在信号位置上进行一系列的平行扫查,或在信号位置上进行一系列与焊缝方向垂直的非平行扫查。这些附加的扫查将验证这些信号在与焊缝垂直的方向上是否有长度(图 6.29 至图 6.31)。

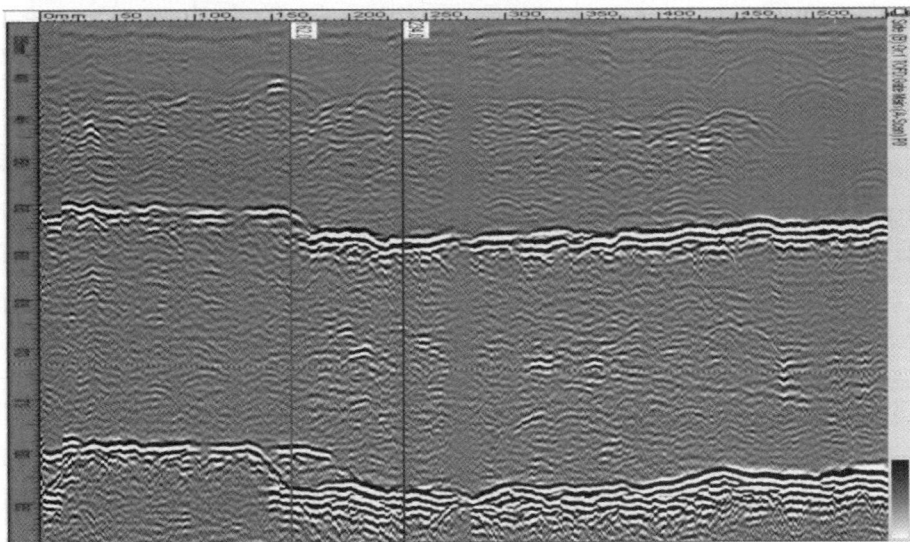

图 6.29 横向裂纹(材质:Q345R;厚度:38 mm;深度 19~38 mm;外表面非平行扫查)

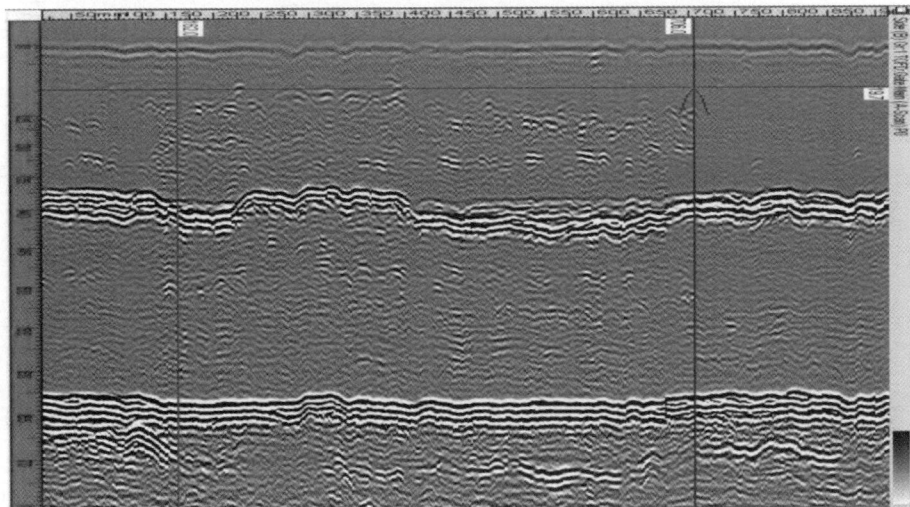

图 6.30 横向裂纹(材质:Q345R;厚度:38 mm;深度 19~38 mm;外表面平行扫查)

图 6.31　横向裂纹照片(材质:Q345R;厚度:38 mm)

6.1.11　确定信号特征的辅助扫查

为了获得缺陷信号的位置、类型等详细信息,以及更多的特征,一般需要进行更加细致的扫查,比如采用不同的角度、不同的频率及不同的探头中心距的扫查。使用平行扫查可精确判断信号的横向位置和可能的方向。当同一段焊缝中有不止一个缺陷存在时(例如在焊缝两面都存在侧壁未熔合),平行扫查也可以帮助判别缺陷。

以下是不同参数或不同方式扫查的特点:

(1)从图像的信噪比,可以比较检测时所选用的探头频率,如图 6.32 所示。如果信噪比太低不能判别信号,可以使用低频探头,但是会增加直通波盲区并降低分辨力。

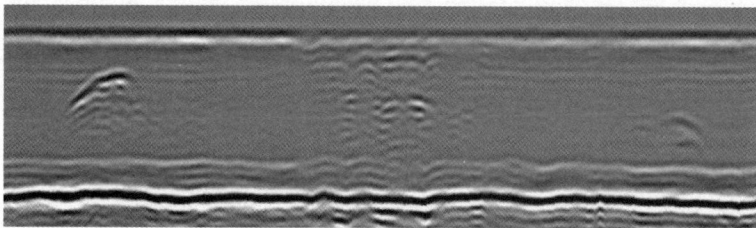

(a)5 MHz

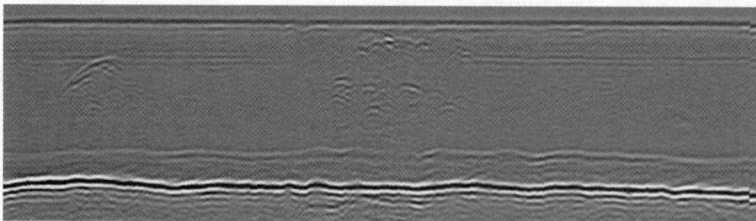

(b)2 MHz

图 6.32　不同频率对图像的影响

(2)使用较高的频率以获得更高的分辨力,提高尺寸测量精度,减少直通波盲区,但是减少了信噪比和覆盖范围。

(3)减小探头角度(同时减小探头中心距)可以使直通波和底面反射波间距更大,从而提高分辨力、提高尺寸测量精度并减小盲区,但也减少了覆盖范围。

（4）使用探头偏移不同的非平行扫查可以获得缺陷信号横向位置的最佳指示,利用信号轨迹可确定缺陷的方向。

（5）对于近表面和表面开口缺陷,采用爬波探头或带角度的横波探头在扫查面或底面寻找角反射体来解释信号。作为替代方法,也可使用磁粉检测或涡流检测来验证。

（6）可以使用串列式脉冲回波技术来检验内部裂纹的存在（特别是当相位关系无法确定的时候）。

6.2　数据评定与报告

6.2.1　数据的有效性

1. 查看参数设置

主要查看探头中心距的设置及探头角度的选择是否按照工艺参数执行。

2. 确定显示长度与扫查长度

为了能够对缺陷定位,图像数据中显示的长度应与实际扫查长度一致。若显示的长度与实际长度不一致应排查编码器是否已经校准。

3. 确认灵敏度

灵敏度过高或过低都会导致错误评定。

4. 查看数据丢失及耦合稳定性

NB/T 47013.10—2015 标准中规定扫查数据丢失不超过 5%,且不能有连续丢失。

5. 时间窗口设置

时间窗口应依据 NB/T 47013.10—2015 标准相关规定设置,尤其当分区扫查时,还应确认相邻分区时间窗口的设置是否有覆盖。

6.2.2　影响检测数据的因素

1. 工艺参数的影响

工艺参数要考虑缺陷的检出率、缺陷的分辨力、被检区域的覆盖、盲区的大小、标准的适用性、检测结果的准确性等。尽量选用高频率、小的探头中心距,探头频率高,扩散角小（指向性好）,缺陷分辨力高,检测面盲区小,检测区域小。探头中心距小,检测面盲区小,缺陷深度分辨力高,检测区域小,底面盲区大。

2. 仪器参数的影响

仪器参数包括滤波、平均、脉冲重复频率、脉冲宽度等。脉冲重复频率对信号影响如图 6.33 所示。

3. 探头的影响

实际探头发射的声束分布与理论计算存在很大的差异。探头频谱是一个宽带的,理论一般都是以单一频率来计算的。探头声束扩散角和频率的关系与探头声束能量分布关系类似,中心声束频率高,偏转角度越大,频率越低。频率越高,扩散角越小,材质衰减越大。

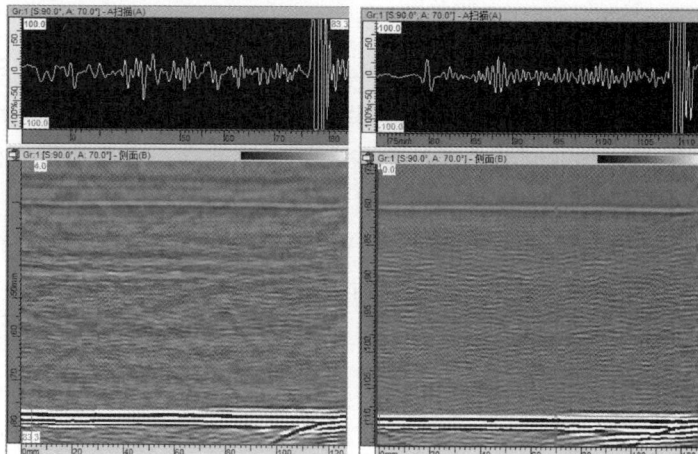

图 6.33　脉冲重复频率的干扰信号

4. 缺陷的形态的影响

缺陷的走向、形状、位置对不同角度的超声波响应不一样。对于面状缺陷尖端的衍射信号，根据 TOFD 检测的声场分布情况，一般中心声束交叉点以上的缺陷，下尖端信号会大于上尖端信号。对于较大的体积缺陷的端点信号，由于反射信号的存在，也有可能上端点信号会大于下端点信号。但一些体积较小的缺陷图像看上去可能相反(如气孔)，点状缺陷的信号如图 6.34 所示。应注意那些条状的缺陷，通过比较波形的相位，与直通波相位相反的信号才是比较危险的缺陷(有高度)。

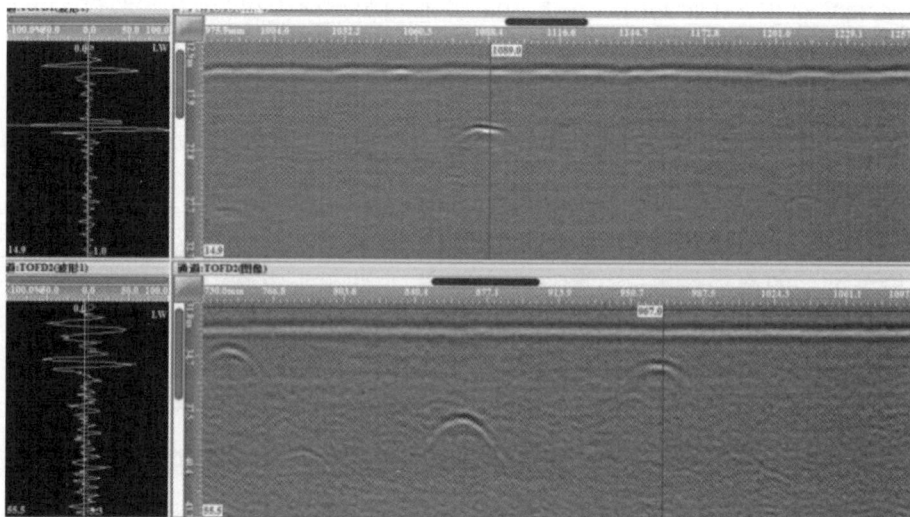

图 6.34　点状缺陷的信号

5. 工件的影响

工件的平整度、曲率、晶粒大小等都会影响超声波的传输。根据底面反射波识别焊缝表面状况如图 6.35 所示。

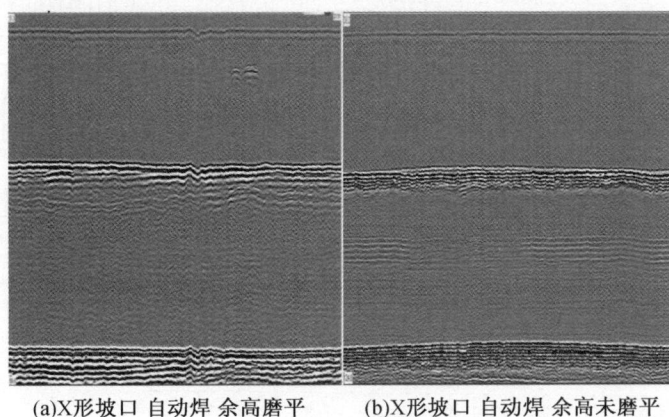

(a)X形坡口 自动焊 余高磨平　　(b)X形坡口 自动焊 余高未磨平

图 6.35　焊缝表面状况

6.2.3　缺陷定位定量

1.合理使用分析工具

①直通波、底面反射波校准,应对被评定缺陷的正上方或者与之平齐的直通波进行校准。

②如果需要直通波拉直处理,则应先进行拉直处理后再在拉直的基础上校准直通波进而测量缺陷深度。

③对于密集的点状缺陷推荐使用 SAFT。

④直通波去除及拉直处理应选择好参考点。

2.缺陷上端点的确定

①缺陷上端点未被直通波掩盖时,缺陷起点位置可以是前沿点,可以是第一个半波极大点,也可以是第一次正负交界点。但必须与直通波校准时选取方式一致。起始 0 相位位置如图 6.36 所示,起始第一个波峰位置如图 6.37 所示。

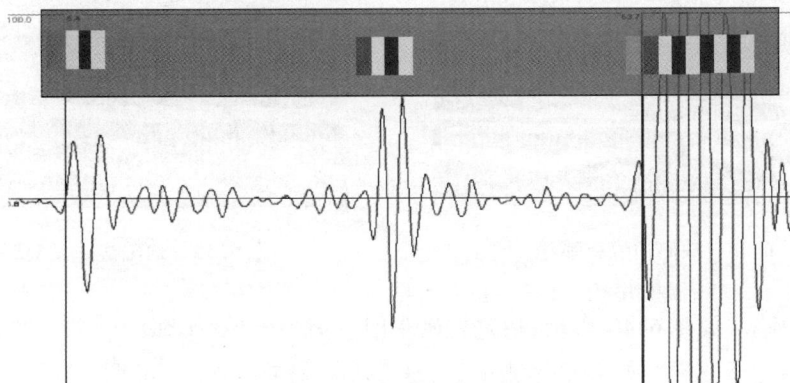

图 6.36　起始 0 相位位置

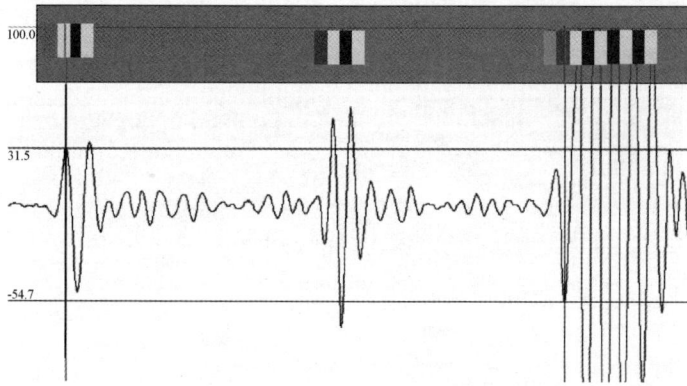

图 6.37　起始第一个波峰位置

②缺陷上端点回波隐藏被直通波掩盖时,去除直通波。

3.缺陷下端点的确定

①周期法:以直通波的周期数为基准,从缺陷回波最下端向上数周期数量。

②主相位法:参考直通波正负相位的波幅比例寻找缺陷下端点回波的主相位。

③参考余波法:确定缺陷下端点最后的余波时,以底面反射波和变形波之间的噪声波高为基准,同时参照直通波。

4.缺陷长度

①长度方向起点终点的确定。先校准,拟合位置参考校准方式。如图 6.38 所示,缺陷边缘有弧线的,直接用弧线拟合缺陷上端第一个可清晰分辨的黑白交界即可。如果不能完全拟合,尽量使抛物线指针与三分之一信号末端贴合。如图 6.39 所示,当缺陷边缘没有弧线时,直接测量两端点间的长度即可。

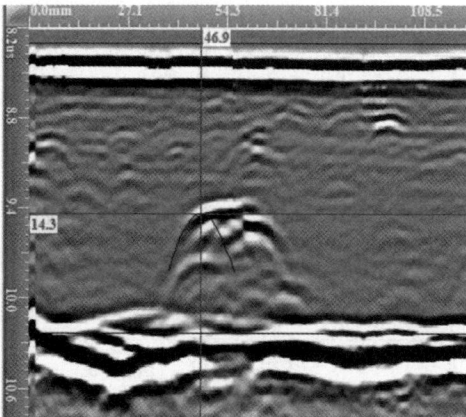

图 6.38　缺陷边缘有弧线

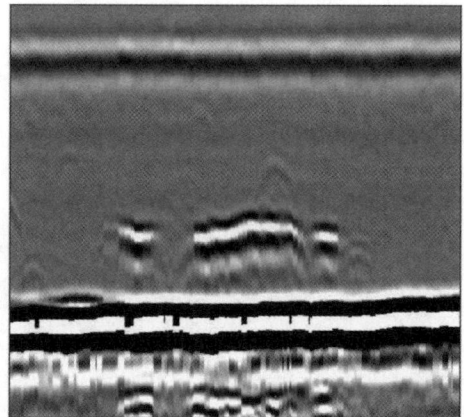

图 6.39　缺陷边缘没有弧线

②密集缺陷。如图 6.40 所示,缺陷较密集时,尽量找到每个弧线的另一侧,选择单个长度跨距最大的进行测量。如果整体测量,极易夸大缺陷导致误判,可用 SAFT 功能去除点状缺陷的干扰。

③图像倾斜的缺陷。如果缺陷边缘有弧线时利用弧线拟合,没有弧线时尽量与其端点贴合。如图 6.41 所示,倾斜缺陷一般有两种情况:缺陷有深度方向的走向,但测量该缺陷深度跨度将近 8 mm,除裂纹外,一般缺陷不会有这么大的深度跨度。缺陷沿焊缝宽度方向有较大倾斜。缺陷沿宽度方向倾斜时,由于缺陷逐渐偏离焊缝连线中心,则导致回波时间增加,致图像倾斜,如果再加之缺陷深度方向的倾斜,则加重图像的倾斜程度。由于拟合用的弧线光标是假定缺陷位于探头连线中心,而缺陷偏离时,拟合效果必定有偏差。

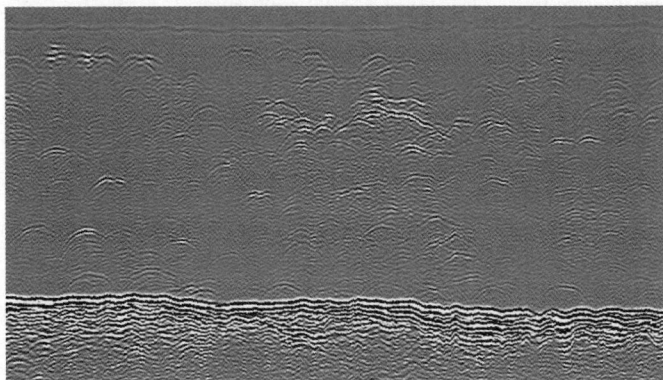

图 6.40　密集缺陷

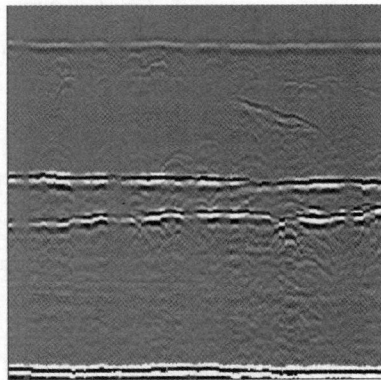

图 6.41　图像倾斜的缺陷

6.2.4　相关显示和非相关显示的记录和测定

(1)对于表面开口型缺陷显示、线状和条状埋藏缺陷显示,相关显示至少应测定缺陷的位置、缺陷长度、缺陷深度以及缺陷自身高度,必要时应测定缺陷偏离焊缝中心线的位置。

(2)对于埋藏缺陷点状显示,当某区域内数量较多时,应予以记录。

(3)对于非相关显示,应记录其位置。

6.2.5　缺陷位置的测定

(1)X 轴位置的测定。

①可根据位置传感器定位系统对缺陷沿 X 轴位置进行测定,由于声束的扩散,TOFD 图像趋向于将缺陷长度放大。

②推荐使用拟合弧形光标法确定缺陷沿 X 轴的端点位置:

a. 对于点状显示,可采用拟合弧形光标与相关显示重合时所代表的 X 轴数值;

b. 对于其他显示,应分别测定其左右端点位置。可采用拟合弧形光标与相关显示端点重合时所代表的 X 轴数值。

③可采用合成孔径聚焦技术(SAFT)、聚焦探头或其他有效方法改善 X 轴位置的测定。

(2)Z 轴位置的测定。

①表面开口型缺陷显示:

a. 扫查面开口型和穿透型:缺陷深度为 0。

b.底面开口型:缺陷上端点与扫查面间的距离为缺陷深度。

②对于埋藏型缺陷显示:

a.点状显示:采用拟合弧形光标与相关显示重合时所代表的深度数值;

b.线状显示和条状显示:其上端点与扫查面间的距离为缺陷深度。

③在平行扫查的 TOFD 检测显示中,缺陷距扫查面最近处的上端点所反映的深度为缺陷深度的精确值。

(3)缺陷在 Y 轴的位置。

在平行扫查和偏置非平行扫查的 TOFD 检测显示中,缺陷端点距扫查面最近处所反映的位置为缺陷在 Y 轴的位置,也可采用脉冲反射法或其他有效方法进行测定。

6.2.6 缺陷尺寸测定

缺陷的尺寸由其长度和高度表征。

(1)缺陷长度。

缺陷长度是指缺陷在 X 轴的投影间的距离,如图 6.42、图 6.43 中 l 所示。

(2)缺陷高度。

缺陷高度是指缺陷沿 X 轴方向上、下端点在 Z 轴投影间的最大距离。

对于表面开口型缺陷显示:缺陷高度为表面与缺陷上(或下)端点间最大距离,如图 6.42 所示;若为穿透型,缺陷高度为工件厚度。对于埋藏型条状缺陷显示,缺陷高度如图 6.43 所示。

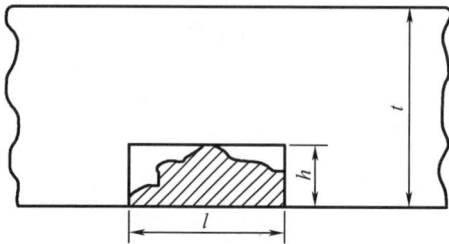

h—表面缺陷高度;l—表面缺陷长度;t—工件厚度。

图 6.42　表面开口型缺陷

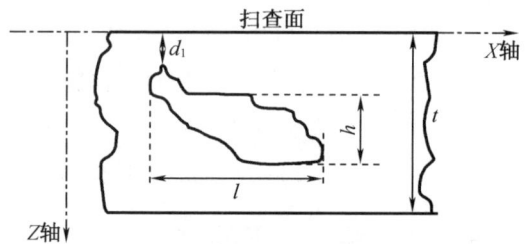

h—埋藏缺陷高度;l—埋藏缺陷长度;t—工件厚度。

图 6.43　埋藏型缺陷

6.2.7 缺陷评定与质量分级

(1)不允许有危害性的表面开口型缺陷的存在。

(2)如检测人员可判断缺陷类型为裂纹、未熔合等危害性缺陷时,评为Ⅲ级。

(3)相邻两缺陷显示(非点状),其在 X 轴方向间距小于其中较小的缺陷长度且在 Z 轴方向间距小于其中较小的缺陷自身高度时,应作为一条缺陷处理,该缺陷深度、缺陷长度及缺陷自身高度按如下原则确定:

①缺陷深度,以两缺陷深度较小值作为单个缺陷深度。

②缺陷长度,两缺陷在 X 轴投影上的前、后端点间距离。

③缺陷自身高度,若两缺陷在 X 轴投影无重叠,以其中较大的缺陷自身高度作为单个缺陷自身高度;若两缺陷在 X 轴投影有重叠,则以两缺陷自身高度之和作为单个缺陷自身高度(间距计入)。

(4)点状显示的质量分级。

①点状显示用评定区进行质量分级评定,评定区为一个与焊缝平行的矩形截面,其沿 X 轴方向的长度为 100 mm,沿 Z 轴方向的高度为工件厚度。

②在评定区内或与评定区边界线相切的缺陷均应划入评定区内,按表6.1 的规定评定焊接接头的质量级别。

表 6.1　各级别允许的点数

等级	工件厚度[1]/mm	点数
I	12 ~ 400	$t \times 0.5$,最大为 130
II	12 ~ 400	$t \times 0.8$,最大为 200
III	12 ~ 400	超过 II 级者

注1:母材壁厚不同时,取薄侧厚度值。

③对于密集型点状显示,按条状显示处理。

(5)非点状缺陷显示的质量分级按表6.2 的规定进行。

表 6.2　焊接接头质量分级

等级	工件厚度 t[1]/mm	单个缺陷						多个缺陷
		表面开口缺陷、近表面缺陷			埋藏缺陷			
		长度 l_{max}/mm	高度 h_3/mm	若 $l > l_{max}$,缺陷高度 h_1/mm	长度 l_{max}/mm	高度 h_2/mm	若 $l > l_{max}$,缺陷高度 h_1/mm	
I	$12 \leqslant t \leqslant 15$	$\leqslant t/2$	$\leqslant 2$	$\leqslant 1$	$\leqslant t/2$	$\leqslant 3$	$\leqslant 1$	1. 对于单个或多个 $h \leqslant h_1$ 的线状缺陷,在任意 $12t$ 范围内累计长度不得超过 $3t$ 且最大值 150 mm;
	$15 < t \leqslant 40$	$\leqslant t/2$	$\leqslant 2$	$\leqslant 1$	$\leqslant t/2$	$\leqslant 4$	$\leqslant 1$	2. 若多个缺陷其各自长度 $l \leqslant t/2$、高度 h 均为 $h_1 < h \leqslant h_2$ 或 h_3,则在任意 $12t$ 范围内累计长度不得超过 $3t$ 且最大值 150 mm;
	$40 < t \leqslant 60$	$\leqslant 20$	$\leqslant 3$	$\leqslant 2$	$\leqslant 20$	$\leqslant 5$	$\leqslant 2$	3. 所有表面开口缺陷累计长度不得大于整条焊缝长度的 5% 且最长不得超过 300 mm
	$60 < t \leqslant 100$	$\leqslant 25$	$\leqslant 3$	$\leqslant 2$	$\leqslant 25$	$\leqslant 5$	$\leqslant 2$	
	$t > 100$	$\leqslant 30$	$\leqslant 4$	$\leqslant 3$	$\leqslant 30$	$\leqslant 6$	$\leqslant 3$	

表 6.2（续）

等级	工件厚度 t^1 /mm	单个缺陷						多个缺陷
		表面开口缺陷、近表面缺陷			埋藏缺陷			
		长度 l_{max}/ mm	高度 h_3/ mm	若 $l>l_{max}$，缺陷高度 h_1/ mm	长度 l_{max}/ mm	高度 h_2/ mm	若 $l>l_{max}$，缺陷高度 h_1/ mm	
II	$12\leq t\leq15$	$\leq t$	≤2	≤1	$\leq t$	≤3	≤1	1.对于单个或多个 $h\leq h_1$ 的线状缺陷，在任意 $12t$ 范围内累计长度不得超过 $5t$ 且最大值 300 mm；2.若多个缺陷其各自长度 $l\leq t$、高度 h 均为 $h_1<h\leq h_2$ 或 h_3 则在任意 $12t$ 范围内累计长度不得超过 $4t$ 且最大 2 000 mm；3.所有表面开口缺陷累计长度不得大于整条焊缝长度的 10% 且最长不得超过 500 mm
	$15<t\leq40$	$\leq t$	≤2	≤1	$\leq t$	≤4	≤1	
	$40<t\leq60$	≤40	≤3	≤2	≤40	≤5	≤2	
	$60<t\leq100$	≤50	≤3	≤2	≤50	≤5	≤2	
	$t>100$	≤60	≤4	≤3	≤60	≤6	≤3	
III	$12\sim400$	超过 II 级者						

注 1:母材壁厚不同时,取薄侧厚度值。

（6）当各类缺陷评定的质量级别不同时,以质量级别最低的作为焊接接头的质量级别。

6.2.8 检测报告

检测报告至少应包括如下内容:

（1）委托单位;

（2）检测标准;

（3）被检工件:名称、编号、规格、材质、坡口形式、焊接方法和热处理状况;

（4）检测设备:仪器名称及编号、探头规格型号及编号、扫查装置、试块、耦合剂;

（5）检测方法:检测工艺编号、探头布置图、检测设置和校准的数值、温度、信号处理方法;

（6）检测示意图:检测部位、检测区域;缺陷位置和分布应在检测示意图上予以标明;

（7）检测数据(包括 TOFD 图像和相关显示的位置、尺寸、射频波 A 扫描显示);

（8）检测结果;

（9）检测人员和责任人员签字及其技术资格;

（10）检测日期。

衍射时差法超声检测报告

委托单位:_____

单位内编号/设备代码:_____　　　　　报告编号:_____

一、被检设备基本情况

设备编号		设备类别		设备规格	
主体材质		工作介质		设备状态	□在制　□在役
坡口形式		焊接方法		焊后热处理	

二、检测设备及器材

检测仪器	仪器型号:			仪器编号:		
		规格型号	频率	晶片尺寸	楔块角度	探头中心距
探头	设置1					
	设置2					
	设置3					
	设置4					
	设置5					
耦合剂		试块		扫查装置	□手动 □马达驱动	

三、检测条件

执行标准		检测部位比例		扫查方式	
检测工艺编号		检测灵敏度		表面状况	
耦合补偿		温度		信号处理	□信号平均 □其他

探头布置简图

检测部位和缺陷分布简图

表(续)

四、检测复核

1. 灵敏度 □合格 □不合格	2. 深度 □合格 □不合格	3. 位移 □合格 □不合格

五、检测结果

检测数据名					检测数据有效性	□合格 □不合格	
序号	缺陷位置	长度/mm	深度/mm	高度/mm	相对焊缝中心线位置	级别	备注

检测结论:

检测人员:	日期:	年 月 日
检测:	日期:	年 月 日
审核:	日期:	年 月 日

TOFD 检测图像

综 合 训 练

一、选择题

1. TOFD 技术根据哪些信息估计缺陷性质（　　　）。

A. 信号图像和 A 扫描波形

B. 缺陷在焊缝中的位置

C. 对材料和焊接技术特性的认识

D. 以上都是

2. 以下关于波型转换信号先于底面反射波到达的叙述，错误的是（　　　）。

A. 在平行扫查中比非平行扫查中更容易发生

B. 在非平行扫查中比平行扫查中更容易发生

C. 在非平行扫查中一般不发生，但如果裂纹极其接近其中一个探头，则可能发生

D. 在平行扫查中，只有裂纹尖端的位置离扫查面较近时才可能发生

3. 以下关于底面开口裂纹的叙述，正确的是（　　　）。

A. 如果底面开口裂纹高度很小，底面反射波的信号将几乎不发生变化

B. 如果底面开口裂纹有一定高度，则底面反射波的信号波幅减小，并产生下沉

C. 如果底面开口裂纹很高，则底面反射波将被切断

D. 以上都是

4. 以下关于区分条状夹渣和裂纹的特征的叙述，正确的是（　　　）。

A. 一般夹渣的高度很小，上尖端和下尖端信号难以区分，而裂纹则不然

B. 一般夹渣上部的回波是反射信号，幅度较强，而裂纹则不然

C. 一般夹渣下部的回波是衍射信号，明显比上部弱，而裂纹则不然

D. 以上都是

5. 以下关于区分底面内凹缺陷与裂纹的特征的叙述，正确的是（　　　）。

A. 一般底面内凹缺陷的信号与底面反射波相连，而裂纹则不然

B. 一般底面内凹缺陷的信号会在到达底面前突然中止，而裂纹则不然

C. 一般底面内凹缺陷会使底面反射波中断，而裂纹则不然

D. 以上都是

6. 形状缺陷的信号特征是（　　　）。

A. 一般比裂纹信号要长得多

B. 一般比裂纹信号要高得多

C. 一般会使底面反射波分成两条或更多条

D. 以上都是

7. 如果抛物线指针不能很好地拟合裂纹两端的衍射信号,则可能的实际情况是(　　　)

A. 裂纹是斜的

B. 裂纹离上表面太近

C. 裂纹有多条

D. 裂纹太短

8. 图像中的底面反射波信号变宽或有很多道,则可能的实际情况是(　　　)。

A. 焊缝存在错边

B. 焊缝不等厚对接

C. 焊缝存在根部缺陷

D. 以上都是

9. 在 TOFD 检测的非平行扫查中,横向裂纹容易漏检的主要原因是(　　　)。

A. 横向裂纹没有衍射信号

B. 横向裂纹衍射信号的波幅太低

C. 横向裂纹衍射信号的长度太短

D. 横向裂纹产生波型转换,会迟于底面反射波到达

10. 发现缺陷上端点衍射信号,且底面反射波信号的波幅将减少,并发生下沉,这种情况可能存在的缺陷是(　　　)。

A. 高度很小的底面开口裂纹

B. 有一定高度的底面开口裂纹

C. 很高的底面开口裂纹

D. 靠近底面的埋藏缺陷

11. 直通波波幅明显减小,可能存在的缺陷是(　　　)。

A. 高度很小的上表面开口裂纹

B. 长度很小的上表面开口裂纹

C. 很长的焊缝咬边

D. 以上都对

12. 对弯曲的缺陷的长度测量,正确的方法是(　　　)。

A. 用抛物线指针与缺陷信号弧线中点拟合

B. 用抛物线指针与缺陷信号弧线起点的三分之一拟合

C. 用抛物线指针与缺陷信号弧线末端的三分之一拟合

D. 用抛物线指针尽量与缺陷信号整条弧线拟合

二、问答题

1. TOFD 检测发现的缺陷是如何分类的?

2. 上表面开口缺陷有什么特征?下表面开口缺陷有什么特征?

3. 如何区分信号是否来自同一缺陷？

4. 平面型缺陷和体积型缺陷的信号有什么区别？

5. 用 TOFD 技术检测管道的单面焊焊接接头,根部形状缺陷信号与裂纹信号有什么区别？

6. 平行扫查时如何识别出现在底面纵波之前的波型转换信号？ 非平行扫查时什么条件下会发生波型转换信号在纵波底面反射波前出现的现象？

7. 什么是末端拟合技术？ 如何使用该技术测量倾斜缺陷？

8. 如果怀疑裂纹是"透明"的,检测中可采用哪些措施？

9. 非平行扫查的横向裂纹显示有什么特点？ 如何防止横向裂纹的漏检？

参 考 文 献

［1］ 辽宁省特种设备无损检测人员资格考核委员会.超声波检测［M］.沈阳:辽宁大学出版社,2008.

［2］ 《国防科技工业无损检测人员资格鉴定与认证培训教材》编审委员会.超声检测［M］.北京:机械工业出版社,2004.

［3］ 美国无损检测学会.美国无损检测手册超声卷［M］.上海:世界图书出版公司,1992.

［4］ 刘贵民.无损检测技术［M］.北京:国防工业出版社,2005.

［5］ 李家伟.无损检测手册［M］.北京:机械工业出版社,2002.

［6］ 王俊,徐彦.承压设备无损检测责任师工作指南［M］.沈阳:东北大学出版社,2006.